Los bulos de la nutrición

Miguel Herrero

 CSIC

Colección ¿Qué sabemos de?

CATÁLOGO DE PUBLICACIONES DE LA ADMINISTRACIÓN GENERAL DEL ESTADO:
HTTPS://CPAGE.MPR.GOB.ES

© Miguel Herrero, 2024
© CSIC, 2024
http://editorial.csic.es
publ@csic.es
© Los Libros de la Catarata, 2024
Fuencarral, 70
28004 Madrid
Tel. 91 532 20 77
www.catarata.org

ISBN (CSIC): 978-84-00-11315-5
ISBN ELECTRÓNICO (CSIC): 978-84-00-11316-2
ISBN (CATARATA): 978-84-1067-027-3
ISBN ELECTRÓNICO (CATARATA): 978-84-1067-028-0
NIPO: 155-24-171-1
NIPO ELECTRÓNICO: 155-24-172-7
DEPÓSITO LEGAL: M-20.494-2024
THEMA: PDZ/JBCC4/TDCT1

Índice

Comiendo bulos

El campo de las ciencias de la alimentación es un área de investigación de gran importancia. No es tan relevante como, por ejemplo, la biomedicina y el estudio de las enfermedades más frecuentes ni tan espectacular como la investigación astronómica y los vehículos que son capaces de circular por Marte de forma autónoma. Sin embargo, sí es un área que proporciona nueva información de vital importancia por la relación entre la alimentación y la salud, y que es necesaria para desarrollar nuevos alimentos que se puedan consumir cuando la exploración espacial pase a estar a cargo de astronautas en lugar de *rovers*.

El campo de las ciencias de la alimentación da cabida a investigaciones que tienen que ver con la producción de alimentos, con su transformación para ponerlos a disposición del consumidor, con su conservación, con la seguridad y calidad alimentarias, además de con la importancia de la relación entre alimentación y salud y nutrición. A su vez, esta área de investigación desempeña un papel crucial en la promoción de la sostenibilidad ambiental y en la búsqueda de soluciones para los desafíos globales relacionados con la seguridad alimentaria y el cambio climático.

De hecho, en la actualidad se están produciendo avances muy significativos en diferentes campos. Por ejemplo, existe un gran esfuerzo investigador en el estudio de cómo los genes humanos interactúan con los alimentos y los ingredientes particulares que los incluyen, de forma que se pueda saber cómo estas relaciones pueden promover la salud o ser determinantes para una enfermedad concreta. Aunque es un campo en constante evolución, el futuro lejano de una nutrición personalizada, adaptada a los requisitos genéticos de cada persona con el fin último de mejorar su salud, es uno de los objetivos perseguidos.

Por otra parte, se están llevando a cabo multitud de estudios en el campo del microbioma. Nuestro cuerpo está repleto de microorganismos que conviven con nosotros y que podrían ser determinantes en muchos aspectos. Aunque queda mucho por hacer y por descubrir, ya existen suficientes indicios que hacen pensar que la presencia de especies concretas de microorganismos en el tracto intestinal podría ser importante tanto a nivel digestivo como en el desarrollo de diferentes enfermedades y condiciones de salud, como obesidad, desórdenes metabólicos, en el sistema inmunitario e, incluso, en enfermedades neurodegenerativas y mentales. Estos descubrimientos, de confirmarse y establecerse de forma correcta sus mecanismos de acción, podrían ayudar a desarrollar estrategias para paliar los efectos de dichas enfermedades a través de cambios en la composición del propio microbioma con ayuda de una dieta correcta.

Además, hay un componente de innovación tecnológica apreciable dentro del área. Un ejemplo claro es el desarrollo de nuevos alimentos y fuentes de alimentación, incluyendo la generación de proteínas a partir de procesos de fermentación de precisión[1], que pueden sentar las bases para mejorar la alimentación mundial disminuyendo los requerimientos y la dependencia de la carne y mejorando los procesos productivos de forma que tengan un impacto menor en el medioambiente. A este último punto también contribuirá el desarrollo

---

1.Procesos que utilizan microorganismos para producir proteínas específicas gracias al empleo de herramientas biotecnológicas.

de envases sostenibles o de nuevos ingredientes para la conservación de alimentos. Por tanto, de todo lo dicho se deduce que la investigación en ciencias de la alimentación puede tener un importante impacto para la sociedad.

No obstante, la relación entre alimentación y sociedad no es nueva. La alimentación, entendida como el hecho de consumir alimentos y nutrirse, está íntimamente ligada a cualquier ser vivo. En el caso particular de los seres humanos, no solo nos sirve para nutrirnos, sino que nos rodea en muchos aspectos de la vida y evoluciona conforme la sociedad cambia y avanza. A pesar de que este es un acto que se realiza varias veces al día, cada día, no deja de despertar un grandísimo interés. De hecho, en la actualidad, aunque buscamos alimentos cada vez más saludables que nos ayuden a mantener un estado de salud correcto e incluso sean capaces de prevenir la aparición de enfermedades, también damos una gran importancia a la alimentación desde otros puntos de vista, por ejemplo, como herramienta para la obtención de placer y satisfacción o, incluso, como imagen de una determinada identidad cultural. No cabe ninguna duda de que la comida se sitúa muchas veces en el centro y tiene una importancia capital en cómo se estructuran nuestras relaciones personales. No hay más que considerar la cantidad de celebraciones o reuniones que transcurren en torno a una comida.

Muy probablemente, esta importancia que le damos a la comida sea la razón principal por la que no dejan de aparecer bulos relacionados con la alimentación. A fin de cuentas, alimentarse no deja de ser un acto voluntario sobre el cual los adultos tenemos un gran poder de decisión, lo que nos hace muy sensibles a corrientes de opinión o informaciones más o menos convincentes, aunque no tengan ningún respaldo científico detrás.

En este sentido, son varias las causas por las que se tiende a creer en estos bulos, algunas son complejas y multifactoriales. Por ejemplo, una de ellas es la búsqueda de respuestas simples a problemas que pueden ser muy complejos, lo que provoca que la presentación de un bulo con un argumento simple aparentemente rotundo pueda ser asumido por muchas personas como cierto. Otra razón es que tendemos a buscar información que confirme nuestras creencias ya existentes, por lo que cualquier lectura que las refuerce es vista como cierta, a pesar de que haya datos que la contradigan y que sean mucho más abrumadores. Además, si esa información proviene de personas reconocidas, como personajes célebres, famosos, *influencers* o incluso familiares, puede tener un gran impacto, dado que tendemos de forma natural a confiar en la experiencia de otros, incluso cuando no está respaldada por ningún dato o evidencia científica.

En este sentido, el consumidor medio no puede acceder de manera sencilla a información confiable y verificada científicamente, que además puede estar solo disponible en un entorno científico y en otros idiomas, principalmente en inglés. Por el contrario, a través de internet, numerosos medios brindan de forma accesible información que no está debidamente contrastada. La situación se agrava no porque una noticia o dato es interesante por su relevancia real, sino por la capacidad que tiene de atraer la atención de consumidores y lectores, lo que provoca que haya medios de comunicación exclusivamente dedicados a la generación de noticias, independientemente de su grado de veracidad, que en realidad son puro sensacionalismo.

Además, la mejora en las comunicaciones y facilidad de acceso a datos de la era digital ha favorecido muy significativamente la proliferación de nuevos bulos. Este hecho es preocupante, dado que muchos de ellos pueden tener implicaciones tanto a nivel individual como en términos de salud pública. Por mucho que el conocimiento vaya avanzando y como consumidores tengamos más información sobre lo que es bueno y lo que no, es frecuente observar la permanencia de algunas creencias sin ninguna base científica. Por ejemplo, por más que sepamos que el alcohol no es beneficioso, no se ha olvidado aún aquello de que tomar una buena copa de alguna bebida alcohólica de elevada graduación es un buen digestivo después de una buena comilona.

En este contexto, este libro trata de describir algunos de los mitos sobre la alimentación más extendidos, presentando la última información científica disponible de forma clara y accesible. Aquellos lectores y lectoras interesados en obtener una visión científica de los temas que se tratan podrán formarse una idea de cada uno de los mitos y bulos analizados, y así desterrar algunas frases interiorizadas e infinitamente repetidas en el ideario alimentario colectivo desde hace décadas.

La ciencia en general y la relacionada con la alimentación en particular no son inmutables. Muy al contrario, el constante avance científico provoca que se encuentren nuevas evidencias que anteriormente no estaban disponibles y por lo tanto que los problemas se puedan analizar de manera diferente. Un claro ejemplo es la modificación a lo largo del tiempo de las recomendaciones sobre el consumo de huevo, en relación con el contenido en colesterol que este alimento presenta. Antiguamente se pensaba que los niveles de colesterol en sangre estaban solamente relacionados con el colesterol que ingeríamos y, por ello, se restringía más su consumo, particularmente a personas con problemas de hipercolesterolemia y relacionados. Sin embargo, hoy en día se sabe que el metabolismo del colesterol es muy complejo y que sus niveles en sangre no solo dependen del colesterol consumido, sino de otros muchos factores, por lo cual esas recomendaciones tan restrictivas han quedado obsoletas, teniendo en cuenta el buen perfil nutricional del huevo como alimento.

Por ello, es altamente recomendable como consumidores (y como lectores), que estemos abiertos a estos cambios que se producen cada cierto tiempo, siempre y cuando estén basados en la última evidencia científica disponible, pues el conocimiento científico, como nuestra sociedad y nuestra alimentación, seguirá evolucionando.

CAPÍTULO 1

Alérgico a las intolerancias alimentarias

Aunque la mayoría de las personas pueden alimentarse sin experimentar ningún tipo de problema, la aparición de alergias o de intolerancias a los alimentos es un problema recurrente que deriva en algunos bulos que están muy relacionados con la confusión existente entre ambas condiciones. Por esta razón, es interesante poner en contexto estas problemáticas, de forma que se pueda tener claro de qué trata cada una.

Alergias alimentarias

Las alergias alimentarias, como cualquier otro tipo de alergia, están causadas por un mal funcionamiento de nuestro sistema inmunitario, que advierte del peligro en alguna sustancia presente en los alimentos cuando, en realidad, es inofensiva. Dicha sustancia suele ser una proteína que se encuentra en el alimento que origina la alergia y produce una reacción inmunológica exagerada en el organismo, normalmente a través de anticuerpos.

Como consecuencia de esta reacción, se pueden producir una gran variedad de síntomas, desde leves, como picor en el paladar o en la boca en general, a otros más o menos incómodos como erupciones en la piel con picor o síntomas digestivos, incluyendo vómitos o diarrea, e incluso consecuencias mucho más graves como problemas respiratorios. En general, se puede decir que el tipo de reacción que el alimento produzca, así como su intensidad, dependerá directamente de la sensibilidad de la persona a dicho alimento, no del alimento en sí. Por tanto, la primera característica importarte de las alergias alimentarias es que pueden suponer un problema potencialmente muy grave para la salud, involucrando el sistema inmunitario.

Dada esta descripción, cualquier tipo de alimento podría producir una alergia alimentaria en un momento dado. Sin embargo, hay determinados tipos que son los que más frecuentemente producen estas reacciones. Entre ellos, se encuentran la leche, el huevo, los crustáceos, el pescado, los cacahuetes, la soja, los moluscos y los frutos de cáscara. En los niños y niñas menores de 5 años, la leche, los huevos y el pescado suponen los grupos de alimentos que producen reacciones alérgicas con mayor frecuencia. Sin embargo, en adultos suelen ser las frutas, los frutos secos y los mariscos.

¿Cómo se genera entonces una alergia alimentaria y por qué? Aunque todavía no está completamente claro, lo que sí se sabe es que este suceso puede ocurrir en cualquier momento de la vida. Hay ciertos factores genéticos que pueden influir, y también se ha visto que personas que tienen otras enfermedades alérgicas podrían ser más propensas a sufrirlas, pero no hay un conocimiento preciso de cómo se desencadenan estas alergias. Por ejemplo, sí que se conoce la existencia de determinadas proteínas en algunas frutas que son muy similares a las presentes en algunos pólenes, por lo que personas alérgicas a los segundos podrían padecer reacciones alérgicas cruzadas hacia dichas frutas. Este hecho se suele denominar síndrome polen-frutas y varía en gran medida según las áreas geográficas y el patrón de alimentación de las personas que lo sufren. Este es un caso muy común entre los alérgicos al polen de las gramíneas, que pueden tener reacciones alérgicas (generalmente leves) tras la ingesta de melocotón o melón, por ejemplo.

Para saber si una persona es alérgica, se ha de estudiar en primer lugar su clínica, es decir, los síntomas que presenta. A continuación, se han de realizar pruebas específicas, como análisis de sangre, o más frecuentemente pruebas cutáneas, que se basan en introducir una pequeña cantidad de la proteína alergénica típica de cada alimento bajo la piel, con un pinchazo o incluso con el alimento. Si el resultado es positivo, la persona desarrollará un habón, o una roncha, con picor y enrojecimiento en la zona de la punción. El tercer y definitivo paso sería realizar pruebas de exposición oral controlada en un entorno hospitalario para asegurar la atención de los pacientes en caso de necesidad.

Aunque una gran parte de la población cree ser alérgica a algún tipo de alimento, se ha comprobado repetidamente que la mayor parte no desarrolla ninguna reacción alérgica real ni se ha sometido a ninguna prueba para establecer si realmente la padece, por lo que, teniendo en cuenta la potencial gravedad de sufrir una alergia alimentaria, las personas que sospechen que podrían ser alérgicos a algún alimento deberían acudir al médico para recibir a un diagnóstico propiamente dicho. Es posible que esta gran desviación entre quienes creen ser alérgicos y quienes realmente lo son se relacione también con el hecho de que se confunden los términos con el de intolerancia cuando los síntomas son parecidos.

En cuanto al tratamiento necesario en caso de resultar alérgico, lo más común es evitar siempre el alimento o alimentos que producen alergia. Cómo de estricto se deba ser a la hora de evitarlos depende de cada persona, por lo que la dieta se puede personalizar en cada caso. Hay personas tan sensibles a determinados alérgenos que no hace falta ni siquiera que coman pequeñas cantidades de esos alimentos, sino que es suficiente con que personas del entorno los coman para que desarrollen síntomas. Cabe destacar que las alergias, al estar producidas normalmente por proteínas del propio alimento, implican que no se pueda consumir no solo ese alimento, sino también cualquiera que haya estado elaborado con él o incluso que haya estado en contacto cercano, por ejemplo, en una fábrica. De esta forma, los alérgicos a la leche, en concreto, no solo deben dejar de consumir leche, sino que también, por lo general, deberán evitar cualquier producto lácteo o cualquier alimento procesado que tenga leche en su composición.

Por esta razón, existen unas normas estrictas en cuanto al etiquetado de los alimentos, que vienen reguladas por la normativa de la Unión Europea[2]. De esta forma, se han establecido los 14 grupos de alérgenos más comunes entre la población europea y se obliga a que los productores marquen en el etiquetado de los productos la presencia de alguno de esos alérgenos de forma específica. Además, se han de señalar utilizando colores, tipografías o tamaños de letra diferentes, de forma que sea más fácil localizar esta información. La claridad de la información es de tal importancia para la salud, además de ser obligatoria por ley, que muchos fabricantes optan por incluir en los etiquetados que sus productos pueden contener trazas de alguno de los alérgenos comunes. De esta forma, el consumidor queda informado de que, aunque ese alérgeno no forme parte de la composición ni de la lista de ingredientes del producto adquirido, podría tener restos del mismo por contaminación en la propia fábrica. En la figura 1 se muestran estos 14 grupos de alimentos, junto con los iconos que se utilizan normalmente para representarlos. Esta información es también de obligado cumplimiento tanto en restaurantes como cuando se venden alimentos sin envasar.

FIGURA 1

Grupos de alérgenos recogidos en la legislación europea en cuanto a etiquetado de los mismos.

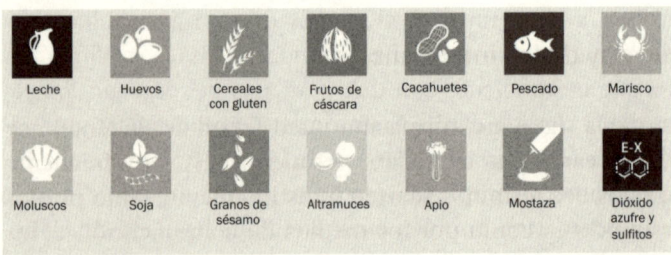

FUENTE: ELABORACIÓN PROPIA.

---

2. Reglamento (UE) n.º 1169/2011 del Parlamento Europeo y del Consejo de 25 de octubre de 2011, sobre la información alimentaria facilitada al consumidor.

Es importante tener en cuenta que los alérgenos presentes en los alimentos no se eliminan con el cocinado. Al contrario, las proteínas que causan las alergias alimentarias aún tendrán la capacidad de causar estas reacciones en los platos ya cocinados, por lo que no existe ningún método por el cual, a día de hoy, un consumidor alérgico a un determinado alimento pueda comer el alimento al que tiene alergia. No obstante, no siempre que aparecen síntomas de lo que puede parecer una alergia quiere decir que se trata de ella. Un ejemplo son las reacciones por intoxicación con pescado en mal estado o con marisco contaminado con toxinas, por no estar debidamente depurado. En estos casos, las reacciones se pueden confundir en primera instancia con una alergia, pero se deben únicamente a las sustancias contaminantes presentes en esos alimentos y no a las proteínas que presentan de forma natural.

Aunque no hay una cura propiamente dicha para las alergias, sí que en los últimos años están en desarrollo estrategias como la inmunoterapia, con éxito en algunos casos. Este tratamiento consiste en suministrar a la persona alérgica dosis muy pequeñas del alimento que le causa alergia, que se aumentan progresivamente con el fin de que el paciente pueda llegar a tolerar cantidades más o menos normales de dicho alimento. Es un tratamiento lento, que dura meses y que se realiza en el hospital, para poder vigilar en todo momento la aparición de posibles reacciones.

¿Qué hay de las intolerancias?

Aunque la siguiente afirmación puede resultar evidente, hay que recalcarla: ¡intolerancia no es alergia! Es muy frecuente que estos dos términos se usen indistintamente, tanto por los consumidores como por los medios de comunicación e, incluso, por parte de algunos profesionales sanitarios. Mientras que las alergias son provocadas por el sistema inmunitario, las intolerancias son debidas al sistema digestivo. Y esto es una grandísima diferencia, puesto que, aunque puedan existir síntomas comunes, las alergias pueden suponer un riesgo vital y las intolerancias no.

En general, se considera que una intolerancia responde a una incapacidad de nuestro sistema digestivo para procesar algunos alimentos o sus componentes en un momento dado. El caso más conocido es el de la intolerancia a la lactosa. Las intolerancias causan principalmente malestar intestinal: náuseas, dolor abdominal, diarrea o gases, por ejemplo. Sin embargo, ser intolerante a la lactosa está muy alejado de ser alérgico a la leche. En el caso de la lactosa, esta puede eliminarse o, mejor dicho, descomponerse en la leche, de forma que el producto resultante no tenga lactosa intacta y no cause ningún efecto sobre el consumidor. Igual ocurre con cualquier derivado lácteo que la pueda contener. Sin embargo, a día de hoy, no es posible tratar la leche de forma que un alérgico a sus proteínas la pueda consumir con seguridad.

El problema a la hora de saber si alguien es intolerante es que la propia intolerancia alimentaria puede ser muy variable. Es decir, el organismo puede ser capaz de procesar ese componente, la lactosa, por ejemplo, en cierta medida, por lo que en pequeñas cantidades una persona potencialmente intolerante a la lactosa puede pasar completamente desapercibida. Esta es una de las razones que hacen que, en ocasiones, el diagnóstico de las intolerancias sea tan complicado.

Para algunas intolerancias debidas a azúcares existen pruebas de diagnóstico que pueden ayudar a determinar si tal intolerancia existe o no. Este es, por ejemplo, el caso de test de hidrógeno espirado, que se basa en consumir una cantidad relativamente alta del azúcar sospechoso —por ejemplo, lactosa, fructosa u otros— y observar el gas resultante de su fermentación a cargo de las bacterias intestinales mediante la detección de hidrógeno en el aliento. Son pruebas que pueden ser útiles, pero no siempre concluyentes debido a la dificultad de determinar el grado de intolerancia o la relación entre los síntomas con la alimentación concreta. Y es que los síntomas de las intolerancias son tan inespecíficos que pueden confundirse con multitud de condiciones diferentes, haciendo su detección más compleja todavía.

Hoy en día están a nuestra disposición, por un precio más o menos alto, diferentes test genéticos que prometen detectar intolerancias a los alimentos a partir de una pequeña muestra de sangre y saliva. En el mejor de los casos, estos test pueden tener una base científica, puesto que la capacidad de nuestro organismo para procesar o no un nutriente se encuentra en nuestro ADN. Sin embargo, hace falta una comprensión más precisa de cómo interactúan nuestros genes con los alimentos y cómo reaccionan ante ellos para permitir ofrecer una recomendación con evidencia científica. Desgraciadamente, en este momento no existe tal evidencia, por lo que los resultados ofrecidos por estas pruebas pueden ser totalmente inútiles. Por tanto, las recomendaciones dietéticas derivadas de estos resultados son muchas veces inútiles e ineficaces y conllevan sacrificios innecesarios y mucha frustración.

Cada vez más alérgicos

Parece evidente que el problema con alergias e intolerancias alimentarias está en constante crecimiento, como así indican los datos (Spolidoro *et al.*, 2023). No está clara la causa, aunque sí existen varias teorías, como una que se menciona repetidamente, la de la higiene. Esta se basa en que el aumento general en la higiene y la atención prestada desde el nacimiento para que los bebés se encuentren en las mejores condiciones, en términos de limpieza, puede conllevar que el sistema inmunitario no se enfrente de manera temprana a los elementos que serán posteriormente alérgenos y puede hacer que el sistema inmunitario, conforme se desarrolla, reaccione de forma desmesurada frente a las proteínas alergénicas, que son, en realidad, inofensivas para la salud. Esta teoría, con bastante éxito inicial, ha sido puesta en entredicho por numerosas investigaciones, por lo que, de momento, no ha podido ser confirmada.

Se ha puesto también el foco en la contaminación del aire como posible causa del aumento de las alergias. Si bien no se sabe cómo puede producirse este hecho, sí que se puede constatar una mayor cantidad de personas alérgicas en las ciudades que en el campo. Por ejemplo, el ambiente de las ciudades puede promover una mayor concentración de polen, pudiendo desarrollarse alergias. Relacionado con ello, pueden darse a su vez reacciones cruzadas que desencadenen en una alergia alimentaria.

Otra posible teoría se centra en la microbiota intestinal, pues la presencia de determinados microorganismos en el intestino podría proteger frente a la aparición temprana de alergias alimentarias. Así, parece ser que existe una mayor prevalencia de alergias en niños nacidos por cesárea que los nacidos por parto natural, dado que los primeros no habrían estado expuestos durante el nacimiento a los microorganismos, teóricamente beneficiosos, presentes en el canal del parto.

En cualquier caso, el aumento real en la cantidad de alergias respondería a una combinación compleja de factores y no solo a uno o dos de forma aislada. Por ejemplo, también se está valorando la posibilidad de que retrasar la introducción de alimentos alérgenos en recién nacidos no sea del todo positivo. Este hecho está relacionado con que, pese a no comerlos, los bebés podrían estar expuestos a los alérgenos a través del ambiente y podrían tener una primera reacción del sistema inmunitario que desembocara en una alergia. En este sentido, existen teorías que apuntan a que sería más beneficioso incluir los alérgenos en la comida de los bebés a edades mucho más tempranas de lo que se recomienda en la actualidad.

En esta línea, un estudio realizado en Reino Unido por Du Toit *et al.* (2015) demostró que el consumo de pequeñas cantidades de cacahuete en niños en situación de riesgo a padecer alergia a este alimento prevenía la aparición final de la alergia. En concreto, se estudiaron 600 niños entre 4 y 11 meses de edad diagnosticados con alergia al huevo o con eccema severo, que se dividieron en dos grupos: uno que no tomó alimentos que contenían cacahuete y un segundo que sí consumió alimentos con cacahuete, que equivalían a 6 g de proteína de cacahuete a la semana. Se pudo comprobar que, entre los que no habían tomado cacahuete, el porcentaje que dio positivo a la prueba de alergia al cacahuete a los 5 años era del 14%, y del 2% entre los que sí lo habían consumido, mostrando una clara tendencia que podría soportar la teoría de la exposición temprana a los alérgenos.

No obstante, la evolución de la ciencia y la medicina en los últimos años también guarda relación con el aumento del número de personas alérgicas a los alimentos. Aunque efectivamente existan más personas alérgicas, en realidad no se puede desdeñar tampoco el hecho de que los métodos de detección de alergias y su diagnóstico han evolucionado en las últimas décadas; como consecuencia, los médicos son capaces de detectar correctamente alergias e intolerancias que anteriormente podían pasar desapercibidas. Algunas personas han pasado la práctica totalidad de su vida sintiendo molestias digestivas sin ser capaces de relacionarlas con un problema de intolerancia o alergia leve.

¿Intolerantes a algunos alimentos o solo intolerantes?

Dentro del aumento innegable de la prevalencia de alergias e intolerancias alimentarias, se está experimentando un incremento mucho mayor de autodiagnósticos sin ninguna base científica ni médica. De hecho, se calcula que hasta un 30% de la población europea cree que sufre alguna alergia o intolerancia alimentaria. Muchas de estas personas toman la decisión de mantener dietas libres del alimento que presuntamente les afecta sin ningún diagnóstico previo, lo que implica incluso un deterioro de la propia dieta. La realidad es que las alergias alimentarias afectan a menos del 8% de niños menores de 4 años y a menos del 3% de los adultos.

Un claro ejemplo de estas prácticas ocurre con el gluten, que es el grupo de proteínas presentes en algunos cereales, principalmente en el trigo. Tan solo el 1% de la población está diagnosticada con la enfermedad celiaca, una enfermedad autoinmune que puede conllevar consecuencias muy serias y que exige una dieta muy estricta libre de gluten. A pesar de este porcentaje tan bajo, un gran número de personas se creen intolerantes. Aunque existe un tipo de intolerancia al gluten no celiaca, la mayor parte de quien decide llevar una dieta libre de gluten no ha acudido a ningún profesional médico para estudiar esta condición. Se trata en este caso de una moda más que, sin embargo, puede privar a estas personas de nutrientes muy interesantes que se consumen junto con los cereales, como es la fibra alimentaria. Sin embargo, el mercado de productos libres de gluten no para de crecer y cada vez se pueden encontrar más alternativas.

El problema aparece cuando se sustituye un alimento convencional elaborado con trigo o cualquier otro cereal que contenga gluten por un producto homólogo pero libre de gluten: en casi todos los casos se observa que el perfil nutricional de la alternativa libre de gluten es peor que el alimento al que se asemeja. Así, estas personas optan frecuentemente por un tipo de dieta que no es más saludable, dado que no tienen en realidad ningún problema de intolerancia hacia el gluten, y la llenan de productos que son nutricionalmente más pobres que los productos convencionales, por lo que, al final, no consiguen ningún beneficio real para la salud.

Alergia a la leche, al huevo, a los cacahuetes, a la soja, intolerancia a la lactosa, a la fructosa, intolerancia al gluten o a la histamina, sensibilidad a determinados aditivos, etc. Sea cual sea el problema que se sospeche, y dada su importancia, es necesario contar con un diagnóstico médico para evitar problemas adicionales y frustraciones innecesarias. Solo de esta manera se podrá contribuir a eliminar los bulos relacionados con este tema. Mientras, la investigación en este campo seguirá su curso para descubrir las posibles causas de determinadas alergias e intolerancias y cómo evitarlas, por lo que, en el futuro, podrían aparecer nuevas recomendaciones que ayuden a avanzar en estos aspectos.

Para recordar

- No es lo mismo alergia que intolerancia; las alergias son un problema del sistema inmunitario potencialmente mucho más peligroso y grave que las intolerancias, que son propias exclusivamente del sistema digestivo.
- Las alergias pueden aparecer en cualquier momento de la vida de las personas, no necesariamente desde el nacimiento.
- Es esencial obtener un diagnóstico médico de alergia o intolerancia antes de tomar decisiones drásticas, como excluir un alimento concreto de la dieta.

CAPÍTULO 2

Antioxidantes para todo

El término antioxidante ligado a la alimentación es de sobra conocido no tanto por su naturaleza química o sus actividades biológicas, sino más bien por su uso como gancho publicitario. Derivado de su uso en numerosas investigaciones científicas en las que se venía usando este concepto, se ha sacado partido para su promoción como sustancias buenas para todo, aunque no todos los efectos positivos que se atribuyen a los antioxidantes tienen un respaldo científico.

Comenzando por su definición, un antioxidante es toda molécula capaz de prevenir la oxidación de otra sustancia. La oxidación es en sí un proceso químico que en el contexto que nos ocupa tiene que ver con la producción de radicales libres que podrían ser dañinos para el organismo en algunas circunstancias a través de mecanismos de acción moleculares muy complejos. Estos procesos de oxidación tienen lugar de forma natural en el organismo, generando diferentes radicales libres. Los antioxidantes son capaces de reducir esta cantidad de radicales libres y, por lo tanto, reducir el llamado estrés oxidativo, una situación en la que existe una gran cantidad de radicales libres en las células y que puede tener consecuencias muy negativas para su desarrollo normal. De hecho, el estrés oxidativo se ha considerado frecuentemente como el primer signo de la aparición de algunas enfermedades cardiovasculares, degenerativas o cáncer, entre otras.

Como se puede deducir de la definición, los antioxidantes pueden tener muy diversa naturaleza: existen vitaminas antioxidantes, proteínas antioxidantes, incluyendo enzimas, y otros compuestos antioxidantes procedentes de los vegetales que se encuentran dentro del grupo de los fitoquímicos. Por ejemplo, entre los antioxidantes más frecuentes en los alimentos están las vitaminas C y E. Por su parte, los fitoquímicos son sustancias sintetizadas principalmente por las plantas (aunque también por algunas algas) en las que se encuentran en pequeña cantidad y que tradicionalmente no se han considerado nutrientes, puesto que no aportan ni energía ni son indispensables para el buen funcionamiento del organismo, a diferencia, por ejemplo, de las vitaminas. Sin embargo, vistas las relaciones observadas en multitud de estudios que ligan una buena salud con un consumo elevado de alimentos de origen vegetal, se ha concluido que estos compuestos fitoquímicos podrían estar ejerciendo una actividad positiva en el organismo. De ahí el interés que despiertan.

Los antioxidantes, así entendidos, se encuentran en multitud de alimentos. Por ejemplo, productos muy ricos en compuestos antioxidantes son el té, el cacao, el café, todas las frutas en general, la zanahoria, el pimiento, la cebolla, el ajo, el tomate, las espinacas y un larguísimo etcétera. Esto es así porque todos los alimentos de origen vegetal incluirán en su composición algún tipo de compuesto fitoquímico susceptible de poder ser llamado antioxidante, así como vitaminas antioxidantes, sobre todo vitamina C.

Dependiendo de la fuente en la que se encuentren, estos compuestos pueden tener una naturaleza química muy diferente. Por ejemplo, tenemos por una parte los carotenoides, presentes principalmente en las zanahorias, espinacas, pimientos, tomates o naranjas. Algunos de estos carotenoides se transforman en el organismo en vitamina A, que también puede actuar como antioxidante. Por otra parte, existe un gran grupo de compuestos muy diferentes que se agrupan bajo el nombre de compuestos fenólicos, también llamados polifenoles, que se encuentran en el té, el cacao, las uvas, el café, los arándanos, la manzana, la cebolla, el orégano, el romero o los cítricos, en una lista innumerable.

Además, no es lo mismo la cantidad de antioxidantes que se encuentra en las materias primas que en los productos que se elaboran con ellas. Es decir, el chocolate no tiene tantos antioxidantes como el cacao ni el café ya preparado como las semillas de café verde recién cosechadas ni el kétchup como el tomate recién recolectado, y así sucesivamente.

No nos oxidemos

A raíz de las interpretaciones anteriores, se han llevado a cabo incontables investigaciones con el objetivo, primero, de descubrir nuevas sustancias antioxidantes en alimentos y, a continuación, poder observar el efecto que estas sustancias pueden tener para la salud en relación con diferentes enfermedades. Durante el desarrollo de estos estudios, el primer paso será confirmar el efecto antioxidante de estas sustancias, para lo cual se utilizan ensayos *in vitro*[3]. Que una sustancia tenga una actividad antioxidante en el laboratorio no implica que automáticamente la vaya a tener en el cuerpo; además, se puede ser antioxidante en diferente intensidad, es decir, hay sustancias muy antioxidantes y otras que también pueden serlo pero si se encuentran en una cantidad mucho más alta.

Esta información rara vez llega al gran público. Tal es el descrédito acumulado por estas prácticas que, durante 2017, el *Journal of Food Composition and Analysis* decidió que no aceptaría ningún trabajo científico que incluyera resultados derivados de ensayos *in vitro* de actividad antioxidante por la poca relevancia que tienen en condiciones reales de consumo de alimentos.

---

3. Se trata de estudios relativamente sencillos que se realizan en un laboratorio intentando simular procesos que se dan en organismos vivos de forma que se pueda determinar el posible efecto de una sustancia.

Volviendo al desarrollo de los estudios, una vez confirmado este efecto antioxidante, se pueden llevar a cabo otros ensayos, siempre dentro del laboratorio, para observar si esa sustancia tiene, por ejemplo, propiedades antiinflamatorias o una acción positiva frente a algún tipo de célula cancerígena. Con el objeto de poder ver resultados de forma más clara, estos compuestos pueden emplearse a muy altas concentraciones e, igualmente, puede haber compuestos más activos que otros.

Siguiendo estas líneas de trabajo, muchos estudios hablan de diferentes compuestos que tienen una determinada actividad, como la antiproliferativa (que detiene el crecimiento de células cancerígenas). En dichos estudios se incluyen datos relativos a la cantidad de compuesto necesaria para ejercer esa actividad y la intensidad ejercida en la actividad. Por ejemplo, se podría considerar activo un compuesto que reduzca el crecimiento de células de cáncer en una placa de cultivo en un 30%, pero también podría darse el caso de otros que lo redujeran en un 90% incluso utilizando menos cantidad que en el primer caso. Es decir, no todos son igual de activos, por lo que las conclusiones son complejas e interpretables y suponen un primer acercamiento a la constatación del posible efecto beneficioso de una determinada sustancia. Además, hay que considerar que no es infrecuente que estos estudios estén basados en el uso de estos compuestos antioxidantes en cantidades mucho mayores a las que se podrían encontrar en realidad en un alimento concreto consumido en cantidades normales. Sin embargo, cuando estos estudios se trasladan a la sociedad, suele ser a través de titulares muy llamativos y muy alejados de la realidad, en los que estos aspectos no se consideran en absoluto.

Del laboratorio al periódico

En el año 2017 se publicó un estudio dirigido a observar los posibles efectos antitumorales de diferentes variedades de tomate (Ramos-Bueno *et al.*, 2017). De la observación de estas variedades se generaron extractos ricos en carotenoides, principalmente en licopeno, que es el carotenoide mayoritario en el tomate. Estos extractos se obtuvieron utilizando un disolvente, éter de petróleo, no apto para el consumo, para aplicarse posteriormente a un cultivo de células humanas de cáncer de colon y hacer un seguimiento de su crecimiento. Cabe destacar que este tipo de ensayos supone el primer paso para observar si determinados compuestos pueden tener una acción beneficiosa sobre el tipo de célula estudiado; de esta manera, se comprueba si la aplicación afecta al crecimiento de las células. Cuando estas crecen menos de lo que lo hacen sin que se les añadan los compuestos estudiados, se puede afirmar que esos compuestos ejercen una actividad antitumoral. El estudio de Ramos-Bueno *et al.* (2017) mostró que los extractos estudiados, sobre todo aquellos con mayores cantidades de licopeno, eran capaces de reducir el crecimiento de las células cancerígenas, más aún si se mezclaban con aceite de oliva, porque este contiene, a su vez, antioxidantes que pueden tener idéntica actividad.

Todo lo anterior es lo que se puede leer en el artículo científico. Sin embargo, los titulares de periódicos de tirada nacional decían, por ejemplo: "Tomates rojos y redondos, los mejores contra el cáncer de colon" (*La Vanguardia*, 28/03/2017) o "El gazpacho y el salmorejo ayudan a prevenir el cáncer de colon" (*ABC*, 28/03/2017). El primero hace referencia a que los tomates más rojos son los más ricos en licopeno, mientras que el segundo guarda relación, en un alarde de imaginación, con la mejora de la actividad cuando también está presente el aceite de oliva.

Entre la investigación y su divulgación a la sociedad se han perdido algunas consideraciones importantes. Por ejemplo, no se habla de la cantidad de carotenoides que contiene el tomate, en torno a 400 mg/kg de tomate seco (mucho menos en los tomates tal y como los consumimos), ni se tiene en cuenta que el estudio se hacía con extractos enriquecidos utilizando éter de petróleo, que nadie consumiría voluntariamente. Tampoco se deja claro que los estudios son *in vitro* con un tipo de células de cáncer muy concreto que se toma como modelo. Sin embargo, en la realidad, el cáncer es muy dependiente de cada individuo en particular y de su genética, por lo que lo que hace efecto en un tipo de cáncer de colon podría no hacer efecto en otro. Es más, existen otros tipos de modelos de células de cáncer de colon empleadas en los laboratorios que, con toda seguridad, se comportarían de manera diferente al utilizado en esta investigación. Además, lo que es aún más importante: no se habla nada de qué ocurre si se traslada el estudio *in vitro* a la realidad de un consumidor de tomate. En este caso, existen múltiples factores que intervienen y que podrían modificar sustancialmente los resultados obtenidos. Por ejemplo, una parte de estos carotenoides podría perderse durante el proceso digestivo sin más (Kopec *et al.*, 2017). Además, durante su digestión, se absorben en una determinada proporción y pasan a la sangre y se distribuyen por el cuerpo.

Esta absorción depende de cada persona (de su genética) y de los alimentos que acompañen a los carotenoides en esa supuesta comida que incluye tomate (Ibrahim *et al.*, 2022). Aunque en este estudio se habla de cáncer de colon, estos compuestos se absorben en una proporción alta en el intestino delgado y, por tanto, no llegan directamente al colon (Ramos-Bueno *et al.*, 2017). Así pues, nunca toda la cantidad ingerida llegará al colon, que es donde debería atacar a las células de cáncer. Pero es que, además, las bacterias que colonizan nuestro tracto digestivo pueden transformar los carotenoides en otras sustancias que pueden resultar más o menos activas que las originales.

En resumen, existen multitud de factores cuya influencia es todavía desconocida, lo que implica que no se pueda justificar de ninguna manera lo que se dice en los titulares a partir de los datos científicos reunidos en la investigación a la que se refieren. Obviamente, los titulares más llamativos venden más, el problema es que también promueven ideas equivocadas y creencias sin base científica. Este es solo un ejemplo, pero podrían citarse cientos.

Se venden antioxidantes

Una situación similar es la que ha ocurrido con otros compuestos considerados antioxidantes, de los que aún se desconoce el posible mecanismo de acción que pudieran tener en cuanto a la prevención de enfermedades crónicas o su efecto saludable. Actualmente, los datos de los que se dispone acerca de qué ocurre con este tipo de compuestos una vez son consumidos son muy escasos. Además, es tremendamente complicado extraer conclusiones válidas de cómo afectan al desarrollo de enfermedades o cómo pueden prevenirlas, porque los mecanismos de acción que podrían tener son muy complejos y están interrelacionados entre sí. Por ello, no se puede hablar con suficiente evidencia científica del efecto individualizado de tal o cual antioxidante sobre la salud.

Debido a la transmisión de la información del plano científico a la sociedad, se ha generado una idea de que todos los antioxidantes son buenos, y cuantos más, mejor. Lo realmente cierto es que, teniendo en cuenta que estos compuestos se encuentran principalmente en frutas y verduras, una dieta rica en este tipo de alimentos ya nos asegura un aporte elevado de antioxidantes. Sin embargo, en el mercado alimentario se ha generado una pléyade de productos con la palabra antioxidante en letras bien grandes para así poder venderlos más caros, a pesar de estar preparados de manera similar a otros productos tradicionales igualmente ricos en antioxidantes.

De paseo por el supermercado se pueden encontrar zumos *antiox*, con un 70% de zumo de naranja y zanahoria combinado con pequeñas proporciones de zumo de uva y frambuesa, o de manzana, uva y kiwi, nada que no existiera previamente; chocolate *antiox* con frutos rojos en ínfima cantidad, si lo comparamos con tomar fruta directamente; preparado para ensalada *antiox*, con brotes rojos, rúcula, berro y canónigos, ingredientes que son normales en estos productos; frutos secos *antiox*, como una mezcla de anacardos, nueces y almendras, pero, eso sí, con arándanos y cerezas; y, por supuesto, infusiones *antiox*, básicamente té con frutos rojos.

Al menos son buenos siempre, ¿no?

Aunque, como ya se ha comentado, no existe una evidencia científica suficiente que revele el verdadero papel de los antioxidantes de la dieta en cuanto a su efecto preventivo para el desarrollo de enfermedades, sí que existen algunos indicios indirectos que permiten pensar que pueden tener un efecto positivo, aunque no se sepa en qué medida (Del Río *et al.*, 2013). Además, están apareciendo cada vez más investigaciones que estudian cómo se absorben y metabolizan los antioxidantes de los alimentos en humanos, incluyendo todos los procesos que tienen lugar durante su ingesta, lo que ayudará a arrojar más luz sobre sus posibles efectos.

En este sentido, es muy importante el papel de las bacterias del colon, ya que pueden modificar los compuestos ingeridos y transformarlos en otros, que son los que realmente pueden tener un efecto protector en el organismo, como en el caso de los antioxidantes mayoritarios del té (Di Pede *et al.*, 2023), entre muchos otros alimentos. En cualquier caso, parece evidente que el consumo de antioxidantes no es perjudicial y menos teniendo en cuenta que los alimentos que los incluyen son, en su mayor parte, saludables y pobres en grasas.

No obstante, se debe establecer una clara diferencia entre los antioxidantes consumidos de forma normal en la dieta y entre aquellos que se pueden ingerir por medio de suplementos alimenticios. A través de la dieta podemos potenciar el consumo de antioxidantes seleccionando los alimentos, si bien esto carece de mucho sentido si se sigue una dieta equilibrada, dado que ya estarán incluidos en ella en buena cantidad. En el caso de los suplementos, el panorama es aún más dudoso, puesto que no hay ninguna evidencia sólida que demuestre que tomar suplementos de antioxidantes sirva para prevenir enfermedades crónicas, como las cardiovasculares (Grant *et al.*, 2024). En los suplementos alimenticios se puede encontrar una gran cantidad de antioxidantes de forma concentrada, por lo que en una sola pastilla se podrían tomar tanta cantidad como la existente en varios kilos de alimento. En el caso del licopeno, se comercializan suplementos que contienen en una sola cápsula 500 mg de este, es decir, lo equivalente a unos 4 kg de tomates frescos de media. Esto da una idea de la cantidad tan exagerada de la ingesta de estos compuestos a partir de este tipo de suplementos, que podría llegar a ser perjudicial.

En diferentes investigaciones, con animales de laboratorio fundamentalmente, se ha comprobado que un exceso de antioxidantes no solo no es beneficioso para detener el cáncer, sino que puede ayudar a su progresión. Varios ratones de laboratorio enfermos de cáncer recibían una alimentación suplementada con antioxidantes, y se comprobó que estos favorecían su extensión y metástasis (Le Gal *et al.*, 2015). Estos resultados son muy preliminares y no se deben sacar conclusiones precipitadas de forma generalizada, pero lanzan una advertencia en cuanto al abuso en el consumo de antioxidantes por parte de enfermos.

Aunque estos resultados tan radicales no se han demostrado en seres humanos, sí que han aparecido indicios. Por ejemplo, un estudio (Klein *et al.*, 2011) de intervención con numerosos voluntarios a los que se les administraba un suplemento de vitamina E (una de las vitaminas antioxidantes) con el objetivo de ver su influencia en el desarrollo de cáncer de próstata tuvo que ser detenido cuando se observó que había más personas que enfermaban de este cáncer entre las que tomaban el suplemento que entre las que no. La teoría detrás de ello es que uno de los procesos que el organismo pone en marcha, con o sin ayuda de fármacos, para luchar contra las células cancerígenas es precisamente someterlas a un gran estrés oxidativo de forma que, finalmente, detengan su crecimiento. En estas circunstancias tan especiales, la llegada de antioxidantes podría paradójicamente ayudar a las células cancerosas en su batalla contra los radicales libres, permitiéndoles continuar con su crecimiento incontrolado. En cualquier caso, estamos hablando de un consumo abusivo de antioxidantes, no de la cantidad normal que se alcanza a través de la dieta.

Para recordar

- Aunque los antioxidantes podrían tener una actividad beneficiosa en nuestro organismo, es necesario proseguir con los estudios para avalar finalmente estos resultados.
- Los productos etiquetados como ricos en antioxidantes no dejan de ser productos normales que no aportan ninguna acción adicional respecto a otros similares.
- Los titulares triunfalistas deberían tomarse con mucha más precaución, puesto que normalmente no están en línea con las conclusiones científicas.
- Una dieta saludable, rica en fruta y vegetales, ya es por sí misma lo suficientemente rica en antioxidantes.

CAPÍTULO 3

¿Aceite de oliva o de girasol?

Los aceites de oliva y de girasol, a diferencia otros aceites vegetales, son los más consumidos en España. El aceite de oliva, por ejemplo, es el paradigma de la dieta mediterránea y de todos los beneficios nutricionales y efectos positivos para la salud que se relacionan con ella. En este caso, en la actualidad, no hay dudas ni apenas polémicas en torno a su consumo: es saludable.

El aceite de oliva, por su composición química, resulta una de las grasas más saludables a nuestra disposición; sin embargo, el sector del aceite de oliva no destaca por su claridad de cara al consumidor. De hecho, existen múltiples denominaciones que hacen referencia a productos diferentes y que pueden llegar, realmente, a confundir. Por esta razón, es interesante empezar describiendo los diferentes tipos de aceite de oliva que podemos encontrar en el supermercado y su relación con el proceso de fabricación. Es importante destacar que es la propia legislación alimentaria, y no los productores, quien establece qué características debe cumplir cada tipo de aceite para recibir la denominación comercial que se utilice. En este sentido, se pueden encontrar cuatro tipos en el mercado: aceite de olive virgen extra (AOVE), aceite de oliva virgen, aceite de oliva y aceite de orujo de oliva (la figura 2 muestra el proceso básico de elaboración y las características principales que cada tipología de aceite de oliva debe cumplir para hacerse acreedor de la denominación correspondiente).

FIGURA 2

Esquema del proceso de elaboración de los diferentes tipos de aceites de oliva comerciales.

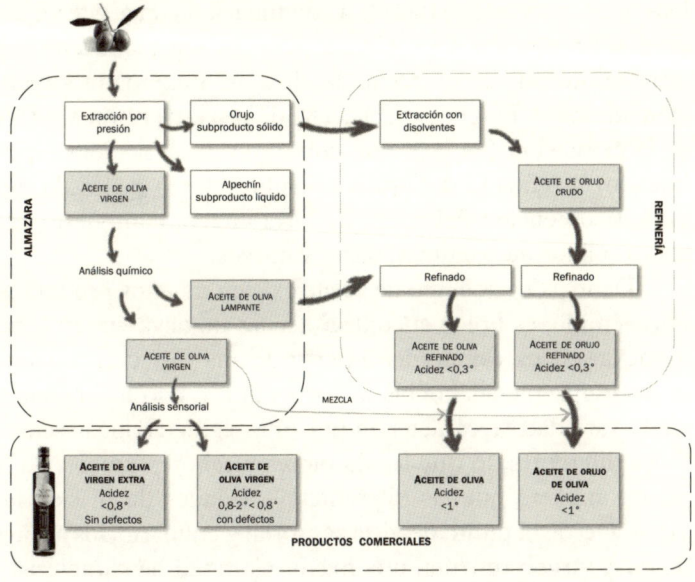

FUENTE: ELABORACIÓN PROPIA.

Entre los productos que se comercializan en el supermercado, los más interesantes son los que incluyen el término "virgen". Estos productos se obtienen como resultado de la extracción del zumo de las aceitunas exclusivamente por procedimientos mecánicos, es decir, por prensado en frío. En otras palabras, la obtención de estos aceites se basa en exprimir las aceitunas evitando que se calienten, para impedir, a su vez, que el aceite se deteriore o se degrade. En función de la calidad del aceite resultante se obtiene virgen extra o virgen, dependiendo de si tiene una acidez menor a 0,8° en el primer caso o mayor a esta cifra en el segundo.

La acidez es un parámetro que se toma tras llevar a cabo un análisis en el laboratorio como medida del deterioro del aceite: a menor acidez, menor deterioro. Este deterioro puede proceder de unas aceitunas en mal estado o de un incorrecto proceso de extracción. Si el aceite virgen tiene una acidez superior a 2°, se considera no apto para su consumo debido a las características que posee y ha de ser sometido a refinado. Este aceite refinado se mezcla a continuación con aceite virgen en una proporción determinada para dar lugar al aceite que viene etiquetado como aceite de oliva, sin ninguna otra mención adicional. En el caso del aceite de orujo de oliva, procede de la extracción (en este caso con disolventes, no solo exprimiendo) y refinado del orujo, un subproducto generado durante la obtención del aceite de oliva virgen, compuesto por restos sólidos de aceitunas, pieles y huesos.

Dentro de cada tipo de aceite existen muchos productos. Por ejemplo, es típico encontrar aceites de oliva virgen extra monovarietales, elaborados a partir de una variedad concreta de aceituna (picual, hojiblanca, arbequina o cornicabra, etc.). Cada variedad se caracteriza por unas características sensoriales diferentes, lo que les da olores y sabores únicos, de la misma manera que las diferentes variedades de uva en los vinos. Desde el punto de vista sensorial y culinario, los aceites de oliva virgen retienen una mayor cantidad de características propias de la aceituna, así como los sabores, olores y colores típicos de los buenos aceites de oliva, mientras que en los refinados estas características se pierden por completo. En este sentido, cuando se habla de salud, la práctica totalidad de los estudios se refieren a aceites de oliva virgen, que son además los de mayor valor comercial.

En cuanto a la composición del aceite, el 98-99% son ácidos grasos (en forma de triglicéridos mayoritariamente), que son los que proporcionan las características típicas de cada aceite o grasa, mientras que el 1-2% lo forman otras sustancias minoritarias que, como veremos más adelante, pueden tener también gran importancia para la salud. La composición precisa, como en todo producto natural, puede variar dependiendo de la variedad de la que proceda, de las condiciones de cultivo o incluso del lugar donde estuvieran plantados los olivos y las condiciones climatológicas a las que se hubieran visto expuestos. Sin embargo, el patrón general es común a todas ellas y se caracterizan por estar compuestos por una cantidad mayoritaria de ácidos grasos insaturados y tan solo en torno al 12-13% de grasas saturadas.

Entre las grasas insaturadas presentes destaca el ácido oleico, que puede suponer hasta el 80% del total y que se trata de una grasa monoinsaturada, mientras que el resto serán ácidos grasos poliinsaturados. Durante el refinado, esta composición en ácidos grasos no se ve modificada sustancialmente; si acaso, se podría producir alguna pérdida en ácidos grasos poliinsaturados, lo que conllevaría automáticamente que aumentara la proporción de saturados y oleico. Lo que sí que se pierde durante el refinado es todo ese 1-2% de compuestos minoritarios, que incluyen sustancias consideradas buenas para la salud, como veremos más adelante, como la vitamina E o polifenoles antioxidantes.

En términos de nutrición, cuando se habla de la composición de las grasas, son las insaturadas las que se consideran mucho más saludables y las saturadas las que se relacionan con más frecuencia con la aparición de enfermedades, como, por ejemplo, las cardiovasculares. Entre las grasas insaturadas se suele hacer una distinción entre las monoinsaturadas y las poliinsaturadas. En este último grupo se incluyen los ácidos grasos omega-3, a los cuales se les asocian diferentes efectos positivos para la salud.

El papel del aceite de oliva en la salud

La composición particular de ácidos grasos que posee el aceite es determinante en los posibles efectos saludables del propio aceite de oliva, sobre todo en lo que se refiere a la presencia de altas cantidades de ácido oleico. Numerosos estudios científicos de intervención, en los que voluntarios hacen una dieta determinada durante un periodo de tiempo fijado, han permitido observar que el consumo de ácido oleico presente en el aceite de oliva es capaz de promover un efecto preventivo sobre enfermedades cardiovasculares. Este efecto está relacionado con una disminución en los niveles en sangre de colesterol-LDL (el más perjudicial) sin conllevar una disminución del colesterol-HDL (el bueno) y además se produce una mejora del perfil lipídico general en sangre y una reducción de la presión arterial (Vázquez-Aguilar *et al.*, 2023).

Aunque esta actividad del ácido oleico como una grasa insaturada es muy importante, no lo es menos el hecho de que otros componentes minoritarios del aceite de oliva pueden jugar un papel muy importante en el efecto saludable y protector del aceite. Estos compuestos minoritarios son los polifenoles, que, además de ser antioxidantes naturales, podrían tener una influencia notable en los beneficios asociados al aceite de oliva. Tanto es así que la Unión Europea, a través de las recomendaciones de la Autoridad Europea de Seguridad Alimentaria (EFSA), su organismo encargado de evaluar científicamente las menciones saludables que se pueden incluir en los etiquetados, ha autorizado una declaración de salud relacionada con los polifenoles del aceite de oliva.

Un estudio pormenorizado de las evidencias científicas disponibles hasta el momento ha demostrado que los polifenoles presentes en el aceite de oliva contribuyen a proteger de la oxidación los lípidos de la sangre, siempre y cuando se consuman al menos 20 g de aceite de oliva al día y que dicho aceite contenga al menos 5 mg de polifenoles por cada 20 g de producto. La protección frente a la oxidación lipídica en la sangre tiene también efectos beneficiosos a nivel cardiovascular, puesto que estas formas oxidadas son más dañinas para la salud de las arterias que las normales. Por lo tanto, esta declaración de salud está directamente relacionada con la salud cardiovascular. Es importante considerar, como ya se ha señalado, que solo los aceites de oliva vírgenes contendrán una alta cantidad de polifenoles, ya que estos compuestos se pierden durante el refinado. De ahí que prácticamente todos los estudios científicos relacionados con los efectos positivos para la salud del aceite de oliva se refieran a aceite de oliva virgen, y muchos de ellos al virgen extra. Pero, además, el aceite de oliva es uno de los protagonistas de la denominada dieta mediterránea, si no el principal. Esta dieta se caracteriza por un consumo elevado de alimentos de origen vegetal, por un consumo moderado de carnes, así como por el empleo regular de aceite de oliva, lo que le diferencia de otras dietas occidentales.

El macroestudio Predimed (Estruch *et al.*, 2018), llevado a cabo en España con más de 7000 personas en situación de riesgo cardiovascular que siguieron diversos tipos de dieta durante varios años, ha permitido arrojar datos científicos de suficiente entidad como para poder afirmar que la dieta mediterránea es capaz de reducir en un 30% el riesgo de muerte por causa de este tipo de enfermedades, con respecto a una dieta baja en grasas (Muscogiuri *et al.*, 2022). Por tanto, es razonable pensar que el beneficio con respecto a una dieta hipercalórica con un alto contenido en grasas será incluso mucho mayor.

Hay que recordar que el consumo de grasas en una dieta equilibrada no debería superar el 30% de la ingesta total de calorías, por lo que, teniendo en cuenta la cantidad de grasa que se encuentra en el resto de alimentos que consumimos, podemos pensar que la cantidad de aceite de oliva de consumo óptima diaria debería rondar los 30-35 g, unas 3-4 cucharadas soperas, incluyendo el necesario para cocinar. Una cantidad mayor implica aumentar la proporción de las calorías provenientes de la grasa en la dieta, por lo que, como todo en alimentación, es una cuestión de equilibrio. Otros estudios de intervención han mostrado que los participantes que siguen una dieta mediterránea, incluyendo aceite de oliva, tienen mejores perspectivas frente a padecer enfermedades neurodegenerativas, obesidad, diabetes tipo 2 o síndrome metabólico, entre otros (Muscogiuri *et al.*, 2022).

Por otra parte, existen estudios que llegan con frecuencia a la sociedad que inciden en el hecho de que el aceite de oliva puede matar células cancerígenas, por lo que se han visto titulares del tipo "el aceite de oliva es bueno contra el cáncer".

Esto es un claro ejemplo de irresponsabilidad por parte de quien expande la noticia, puesto que, a día de hoy, no hay suficiente evidencia científica para poder afirmar semejante cosa. Lo que sí existen son estudios *in vitro*, con células cancerosas humanas cultivadas en el laboratorio, en los que se han visto efectos anticancerígenos de diferentes componentes minoritarios del aceite de oliva. Sin embargo, estos datos son solo evidencias preliminares, puesto que en condiciones reales de consumo dichos compuestos podrían no tener ninguna actividad o, incluso, podría darse el caso de que ni llegaran a existir porque fueran transformados durante la digestión. Además, hay que tener en cuenta que, aunque se encontrara que alguno de estos compuestos minoritarios tiene algún efecto, podría ser necesaria su ingesta en grandes cantidades, no en las que se encuentran en el consumo habitual. Es decir, si para tener un efecto preventivo sobre el cáncer es necesario consumir un cuarto de litro de aceite de oliva al día, esta recomendación sería inútil, puesto que ello implicaría consumir una cantidad de aceite que superaría por sí misma la cantidad de calorías diarias recomendadas, por no hablar de la cantidad de grasas diarias recomendadas, y los efectos nutricionales serían negativos.

El papel del aceite de girasol en la salud

A raíz de lo visto anteriormente, podríamos pensar que el consumo de aceite de oliva virgen debería ser casi obligatorio por sus efectos sobre las enfermedades cardiovasculares. Aun así, el consumo de otro aceite, el de girasol, está también muy extendido en nuestro país. En este sentido, durante el año 2023, los datos del Ministerio de Agricultura y Pesca, Alimentación y Medio Ambiente cifraron el consumo de aceite de oliva en España (incluyendo la suma de los diferentes tipos) en 6,2 kg por persona, mientras que el de aceite de girasol ascendía a 3,3 kg por persona. ¿Supone esto un grave problema? Si el precio del aceite de oliva no fuera tan elevado, las diferencias de consumo serían todavía mayores.

Lo cierto es que el aceite de girasol no puede calificarse de aceite poco saludable dentro de los disponibles, como veremos un poco más adelante. Normalmente, el aceite de girasol contiene incluso menos cantidad de grasas saturadas que el de oliva, mientras que entre las insaturadas son predominantes las poliinsaturadas, incluyendo algunos ácidos grasos omega-3. Además, hoy en día se comercializan aceites derivados de variedades de girasol que producen un alto contenido en ácido oleico y que se presentan comercialmente como aceite de girasol alto oleico. Este aceite acercaría su composición básica aún más al aceite de oliva.

De esta manera, podemos pensar que el aceite de girasol es igualmente saludable que el de oliva, pero la realidad es que hay diferencias. Por ejemplo, el mayor contenido en grasas poliinsaturadas que contiene el de girasol hace que sea menos resistente al calentamiento y que se deteriore más tras la fritura, que es precisamente para lo que más se utiliza. Por tanto, un aceite de girasol muy utilizado en varias frituras habrá perdido muchas de sus características positivas. Una alternativa es el uso del ya mencionado aceite de girasol alto oleico, más resistente a la fritura, aunque la práctica totalidad de aceites de girasol que se venden normalmente son refinados.

Aclaremos que el proceso de refinado del aceite no implica que este sea tóxico ni nocivo para la salud; simplemente es un proceso por el cual se adecúa el aceite a las características que queremos los consumidores, en cuanto a sabor, aroma, color o estabilidad. Durante el refinado se eliminan sustancias que podrían dar sabores y olores desagradables o que no conviene que estén presentes en el aceite y, de paso, se elimina buena parte del color natural del aceite. Por esta razón, los aceites refinados, tanto de girasol como de oliva, tienen un color y un sabor más neutro que los vírgenes.

En cuanto a su potencial para la salud, el aceite de girasol ha sido mucho menos estudiado que el de oliva, por lo que nos podemos basar en su contenido en ácidos grasos a la hora de pensar en posibles ventajas. El aceite de girasol convencional, al ser rico en ácidos grasos poliinsaturados, representa una grasa saludable comparada con otras ricas en ácidos grasos saturados. Los ácidos grasos poliinsaturados tienen ventajas a la hora de mantener unos niveles correctos de colesterol y triglicéridos, contribuyendo así al mantenimiento de una buena salud. Por otra parte, las variedades con alto contenido en ácido oleico tratan de imitar la composición grasa del aceite de oliva, por lo que nutricionalmente podríamos aplicar las mismas consideraciones anteriormente expuestas.

Actualmente, existe otro producto de venta en supermercados que se denomina comercialmente aceite de semillas. Este producto suele ser una mezcla de aceite de girasol con algún otro tipo de aceite, como de maíz o incluso de oleína de palma. Para confirmarlo, es necesario consultar la etiqueta de cada producto. En estos casos, la composición química puede ser totalmente diferente, al igual que sus consideraciones para la salud, por lo que hay que prestar atención a la lista de ingredientes. De todas formas, aun teniendo una composición que podría calificarse de saludable, el hecho de que necesite de refinado durante su proceso de obtención hace que estos tipos de aceites no puedan competir con los aceites de oliva virgen en lo que a efectos saludables se refiere. Por el contrario, si comparamos aceites de oliva refinados, por ejemplo de orujo, con aceite de girasol refinado, las diferencias se reducen, debido a los compuestos minoritarios que se pierden durante el refinado (polifenoles, por ejemplo). Por último, desde el punto de vista sensorial, un aceite de girasol no puede ofrecer las características de uno de oliva virgen, puesto que no posee ni el color ni el sabor ni los aromas que pueden caracterizar a este último.

¿Con cuál debo freír?

De lo anteriormente expuesto, la respuesta lógica sería que con el aceite de oliva virgen extra. Es el de más calidad a todos los niveles y el que aúna todas las características saludables y sensoriales que lo hacen tan apreciado. Tanto es así que también se nota en su precio. Representa todo lo bueno de la dieta mediterránea, hasta el punto de que no son pocos los médicos e investigadores que defienden que debería estar incluso subvencionado para ponerlo al alcance de todos los consumidores. El aceite de oliva virgen, aun estando en un nivel inferior, retiene muchas de estas características, por lo que es una muy buena opción ligeramente más económica.

En cuanto a su utilización en la cocina, el consumo de los aceites vírgenes tiene su fuerte, sobre todo, en su consumo crudo, por ejemplo, en ensaladas. A la hora de freír, la cosa está menos clara. Las propias características de la fritura provocan que muchos de los elementos minoritarios del aceite se pierdan, por lo que desaparecen aromas y sabores característicos si se fríe con aceite de oliva virgen. Por ello, el uso de aceites de oliva refinados, sobre todo los etiquetados como aceite de oliva, pueden ser una buena alternativa para freír, con una buena relación composición/precio. Eso sí, actualmente no se obliga a indicar qué proporción de aceite refinado y de virgen tiene dicho aceite de oliva, por lo que es imposible comparar entre marcas y elegir el que menor proporción de refinado contiene. En un escalón por debajo podría situarse el aceite de girasol, si bien se ha de considerar que, por su composición, se deteriorará primero, es decir, aguantará menos ciclos de fritura, salvo que sea con un alto contenido oleico.

¿Qué pasa con otros aceites?

Hasta ahora hemos comentado la situación actual de los dos tipos de aceite más consumidos en nuestro país, aunque no son los únicos que nos rodean a diario y que forman parte de los productos procesados que están disponibles en el mercado. No hace mucho tiempo que saltó la polémica del aceite de palma. Su principal problema es su composición rica en grasas saturadas, que implica que no se pueda considerar un aceite ni mucho menos saludable. Sin embargo, es gracias a esa composición por la que su uso estaba tan extendido, puesto que es la responsable de algunas características físicas, como ser sólido a temperatura ambiente, lo que le hace muy adecuado para la fabricación de diferentes productos alimentarios procesados, como la bollería. A partir del año 2014 entró en vigor un nuevo reglamento de la Unión Europea que obligaba a mostrar en el etiquetado de los productos la variedad vegetal utilizada cuando se hacía mención al ingrediente "aceite vegetal". A partir de entonces se visibilizó realmente el empleo del aceite de palma en infinidad de productos alimentarios, así como los problemas éticos y medioambientales que se derivaban de su producción en países asiáticos, básicamente relacionados con la falta de derechos laborales y la deforestación para promover el cultivo de la palma aceitera a partir de la cual obtener aceite de palma. Su bajo precio comparado con otras alternativas, así como sus adecuadas características físicas hicieron el resto. No obstante, a partir de ese momento se generó una creciente preocupación entre los consumidores que ha llevado a las empresas productoras a sustituir el aceite de palma por otros aceites y grasas, lo que se hace evidente por la cantidad de menciones de "sin aceite de palma" que se encuentran en muy diferentes productos procesados, dulces y bollería, entre otros.

Una de las alternativas que más se está utilizando en los productos sin aceite de palma es el aceite de coco. La razón es porque el de coco, al igual que el de palma, es rico en grasas saturadas, por lo que sus cualidades tecnológicas en el uso como ingrediente alimentario son muy similares y es posible formular los mismos productos procesados con él. Pero ocurre que mientras que el aceite de palma contiene cerca de un 50% de ácidos grasos saturados, los más dañinos para la salud, el aceite de coco alcanza la cifra de casi el 90%. De esta forma, se ha pasado de un aceite poco saludable a otro igual de poco saludable.

Existen algunos estudios (Jayawardena *et al.*, 2021) que han analizado el papel del aceite de coco en la salud y que han permitido observar que su consumo se relaciona con un aumento de los niveles de colesterol en sangre (a pesar de no contener colesterol por ser un vegetal), así como de un incremento en el riesgo de padecer enfermedades cardiovasculares. De hecho, recientemente, investigadores del CSIC han publicado un estudio donde, en función de sus composiciones químicas (contenidos en ácidos grasos saturados, insaturados, omega-3 y otras sustancias potencialmente beneficiosas para la salud como tocoferoles o fitosteroles), se analizan multitud de aceites para ofrecer una estimación de su calidad nutricional gracias a la aplicación de un algoritmo que permite su clasificación de acuerdo con las evidencias científicas disponibles (García-González *et al.*, 2023). En la figura 3 se muestra un resumen de los resultados obtenidos y se puede apreciar que el aceite de oliva virgen está a la cabeza como el más saludable de todas las posibilidades analizadas, tanto de origen vegetal como animal. Además, se pueden observar algunas conclusiones muy interesantes. Por ejemplo, el aceite de palma ocupa el lugar 26 de los 32 tipos de grasas y aceites analizados, solo por encima de algunas grasas bien conocidas por no ser saludables, como la margarina, la mantequilla o la manteca, pudiendo ser considerado como muy poco saludable. Pero lo que resulta más curioso es que su sustituto más frecuente, el aceite de coco, no es saludable en absoluto, ocupando la última posición de esta clasificación. Por ello, se ha de considerar que, desde el punto de vista de la salud, aquellos productos que anteriormente contenían aceite de palma y ahora se formulan con aceite de coco seguirán siendo normalmente muy poco recomendables, por lo que la mejor opción siempre será consumirlos de manera ocasional.

Este mismo estudio ha permitido confirmar, además, que el resto de aceites de oliva, incluyendo el de orujo, a pesar de no llegar al nivel del aceite de oliva virgen, poseen un perfil muy saludable. Esta mención se ve también ratificada en el caso del aceite de girasol alto oleico, que contiene un perfil nutricional muy mejorado con respecto al aceite de girasol convencional.

Por último, cabe destacar la presencia en una posición intermedia, con características nutricionales similares al aceite de girasol convencional, del aceite de colza. Este aceite, cuyo uso fue relativamente común en nuestro país, sigue siendo muy consumido en otros países. Y es que, conviene recordar, el problema asociado con dicho aceite fue el resultado de un fraude y una adulteración, no del hecho de que el aceite de colza sea tóxico por sí mismo.

FIGURA 3

Clasificación de aceites y grasas en función de su calidad nutricional.

FUENTE: ELABORACIÓN PROPIA A PARTIR DE GARCÍA-GONZÁLEZ *ET AL.* (2023).

Para recordar

- El aceite de oliva virgen extra (AOVE) es, sin duda, la opción más saludable con un impacto positivo en la salud.
- El resto de aceites de oliva, incluyendo el procedente de orujo, tienen un perfil nutricional también positivo, aunque su calidad sensorial es menor.
- El aceite de girasol alto oleico es una buena alternativa para la fritura, mucho mejor que el aceite de girasol convencional.
- El aceite de coco, al igual que el de palma, posee un pésimo perfil nutricional y conviene huir de todos los productos procesados que lo incorporan.

CAPÍTULO 4

Alimentos modificados genéticamente

Hasta hace unos 12 000 años aproximadamente, todo lo que el ser humano comía era lo que la naturaleza le ponía a su alcance en cada momento. Las poblaciones entonces eran de cazadores-recolectores, por lo que su alimentación dependía exclusivamente de los animales que fueran capaces de cazar y que habitaran las zonas donde vivían, además de las plantas que podían encontrar en el entorno. Eran frecuentemente nómadas, puesto que tenían que estar en constante movimiento en busca de alimento. Es entonces cuando comenzaron a desarrollar habilidades gracias a las cuales domesticaron tanto plantas como animales y se instauraron progresivamente la agricultura y la ganadería. Desde ese mismo momento, de forma muy lenta al principio, los alimentos que consumimos empezaron a ser modificados genéticamente.

La selección genética

Las plantas que habitualmente consumimos, así como los animales criados para la alimentación han sufrido en estos más de 10 000 años una evolución de sus rasgos típicos que no ha estado guiada por la naturaleza. Las especies no han seguido un camino marcado por la evolución natural, como hasta ese momento, sino que su evolución ha dependido del ser humano y su intervención para que prosperaran unas especies y unas razas sobre otras.

Desde el mismo momento en que los seres humanos adquieren el conocimiento necesario para cuidar de las plantas, hacerlas crecer, incluso reservando espacio terrestre para su cultivo, comienza una lucha por intentar producir cada vez más. En un principio, esta lucha estaría encaminada a disponer de más alimento e incluso de más variedad que hasta ese momento; más adelante, las cosas cambiarían de perspectiva con la llegada del comercio, el desarrollo de los intercambios comerciales y la compraventa de alimentos, que potenciaría aún más ese espíritu productivo. De esta manera, se inició un proceso de selección de especies y variedades de forma puramente intuitiva, cuyo desarrollo se ha intensificado en las últimas décadas coincidiendo con un aumento del conocimiento científico. Así, desde hace cientos de años, el maíz que se cultiva es totalmente diferente de su antepasado ancestral.

Ancestral es el término que se utiliza frecuentemente para referirse a los cultivos de los cuales proceden las variedades actuales y que ya no se utilizan. Casi cualquier vegetal que consumimos actualmente es un ejemplo de ello: tomates, fresas, plátanos o trigo, por mencionar algunos. Con el paso de las temporadas de cultivo, los agricultores fueron seleccionando los alimentos más apetecibles por sus rasgos físicos y los fueron cruzando entre ellos, de forma que, lenta y progresivamente, las especies fueron evolucionando y transformándose en las que conocemos hoy en día. Las mazorcas de maíz actuales son más grandes, con más granos que las ancestrales; los tomates también y con colores más intensos; los plátanos no tienen semillas en su interior y el trigo es más productivo y da lugar a harinas que producen masas más esponjosas y manejables. De igual forma ha ocurrido con los animales de granja: en cada generación y, de nuevo, con el paso del tiempo, los ganaderos fueron seleccionando los mejores individuos dentro de sus rebaños y dirigiendo sus apareamientos para que su descendencia fuera adquiriendo progresivamente las cualidades deseadas. Por ejemplo, esta es la manera en la que han evolucionado las gallinas ponedoras, que son capaces de poner muchos más huevos al año que sus antepasadas, o las vacas, que producen mucha más leche que aquellas de las que proceden.

Aunque estos mecanismos se han realizado de forma intuitiva, no dejan de ser actividades basadas en la selección o manipulación genética. Manipulación es un término que tiene connotaciones muy negativas, pero en este caso es, simplemente, promover la modificación genética de los cultivos y los animales de acuerdo con los deseos e intereses de los seres humanos. De esta manera, podemos desmentir el mito de que las especies que se utilizan en alimentación hoy en día, tanto vegetales como animales, son genéticamente tal y como la evolución natural las habría hecho. Muy al contrario, la manipulación genética, a través de un proceso activo de selección y cruzamiento de animales y plantas seleccionados en función de sus características, tiene una antigüedad aproximada de diez milenios.

El desarrollo tecnológico

Como se ha adelantado, el aumento del conocimiento científico y el desarrollo de diferentes tecnologías se han aplicado para producir estas mejoras genéticas tradicionales basadas en cruzamientos de forma más rápida. Como primer paso, aparecieron los experimentos de mutagénesis[4]. El cambio en las características de un animal a otro, o de una planta a la siguiente, puede ser el resultado no solo de su descendencia genética con respecto a sus antecesores, sino también como consecuencia de pequeñas modificaciones en su material genético. Estas modificaciones, denominadas mutaciones, pueden aparecer al azar y, cn un momento dado, pueden haber dado lugar, por ejemplo, a plantas más grandes, más productivas o más resistentes al clima.

La planta *Brassica oleracea* es un claro ejemplo de esta selección. Este es el nombre científico de una planta muy

---

4. Proceso por el cual se inducen cambios en la información genética de animales y plantas utilizando aproximaciones más o menos sofisticadas que pueden dar lugar a cambios al azar o dirigidos, dependiendo de la técnica empleada.

utilizada en agricultura y muy consumida en todo el mundo de diferentes maneras. De hecho, esta especie de vegetales fue muy probablemente el resultado, durante cientos de años, de la selección por parte de los agricultores de mutaciones espontáneas aparecidas en la planta original y que han dado lugar a alimentos tan diferentes como las coles de Bruselas, el repollo o col, la lombarda, el brócoli, la coliflor o el kale, entre otros. Todos estos vegetales son, en realidad, la misma especie: *B. oleracea*. En cada caso, cada variedad ha evolucionado hacia una forma diferente, creando grandes hojas comestibles de diferentes colores y texturas (kale), yemas terminales de gran tamaño (col, lombarda), yemas laterales o axilares (coles de Bruselas), o variaciones de las inflorescencias (brócoli, coliflor, romanesco). ¡Cualquiera diría al ver todos estos vegetales uno al lado del otro que se trata de la misma especie de planta! Esto es un ejemplo perfecto de en lo que ha consistido la manipulación y selección genética a lo largo del tiempo.

Una estrategia más reciente es sacar provecho de estas mutaciones, pero no esperar a que se produzcan al azar, sino inducirlas. Una manera de hacerlo es irradiar los vegetales por medio de rayos X, aunque existen otros métodos para inducir estos cambios en el ADN. Básicamente, el mecanismo de la mutagénesis forzada es provocar mutaciones y esperar que alguna de las que se produzca pueda ser de interés. Es decir, no se modifica el ADN de una manera dirigida, promoviendo los cambios que se quieren, sino que se hace indiscriminadamente con la esperanza de que dichos cambios se produzcan. Se trata de un método más rápido, si bien no es totalmente efectivo, en el sentido de que las mutaciones que se producen se dejan al azar.

El siguiente paso: la ingeniería genética

Con el desarrollo hace algunas décadas de la ingeniería genética se abrieron las puertas a nuevas herramientas que parecían inimaginables. Gracias al conocimiento de cómo funciona y cómo se regula el ADN, se han podido desarrollar mecanismos para poder modificarlo de forma efectiva. En este contexto, surgieron hace unos años los alimentos transgénicos, también denominados organismos modificados genéticamente (OMG). Estrictamente hablando, un alimento transgénico es aquel que ha sufrido modificaciones utilizando herramientas de ingeniería genética. Sin embargo, lo más llamativo de estas modificaciones puede ser el hecho de que es posible introducir en una especie uno o varios genes procedentes de otras especies de forma eficiente. Es mucho más complicado de lo que parece, dado que no es solo poner allí un nuevo gen, sino que, además, hay que hacer que funcione. En la actualidad, existe un buen grupo de cultivos transgénicos en algunas partes del planeta. Por ejemplo, aparecen variedades transgénicas comerciales de maíz, soja, colza o remolacha aptos para el consumo. Sin embargo, en Europa la situación es diferente, dada la legislación que tenemos y en la que se aplica un grandísimo principio de precaución.

En este sentido, la EFSA es el organismo comunitario que evalúa la seguridad de los alimentos y que establece recomendaciones recogidas en informes científicos para que, posteriormente, el Parlamento Europeo pueda legislar de acuerdo a ellos. La normativa actual marca una situación en la cual, para poder comercializar un alimento transgénico, se ha de demostrar de forma exhaustiva y fehaciente que no supone ninguna amenaza para la salud humana y el medioambiente, y además demostrar una equivalencia sustancial con su correspondiente alimento convencional. Los requisitos son tan restrictivos y conseguir su aprobación es tan costoso, que solo las grandes multinacionales biotecnológicas son capaces de conseguir aprobaciones para este tipo de cultivos. Aun así, en Europa, en general, existe un gran recelo hacia los transgénicos que no tiene reflejo en la opinión mayoritaria del resto del planeta. Esto hace que aquellos alimentos cuyos ingredientes tengan en su composición más de un 0,9% de un organismo modificado genéticamente tengan que ser declarados en su etiquetado. En la práctica, esto implica que prácticamente no se utilicen organismos modificados genéticamente para la alimentación humana, aunque sí que se utilizan ampliamente en alimentación animal sin ninguna restricción. Paradójicamente, estos animales alimentados con cultivos transgénicos sí que son consumidos posteriormente por todos.

En Europa existen distintas variedades autorizadas para cultivo y uso, incluyendo diferentes tipos de maíz, soja, colza, algodón, patata y remolacha, si bien no todas ellas están aprobadas para su uso en alimentación humana, sino que se dirigen a fines industriales, como la elaboración de algodón. No obstante, cada país miembro de la Unión Europea tiene la potestad para prohibir el cultivo de organismos modificados genéticamente si así lo estima conveniente. Este es el caso de algunos países como Alemania e Italia, y entre los que no se encuentra España. La situación actual en nuestro país es que se cultiva maíz transgénico en algunas zonas; se calcula, de acuerdo a los datos proporcionados por el Ministerio de Agricultura, Pesca y Alimentación, que el 20% del total de maíz cultivado en España es procedente de alguna variedad transgénica, aunque se destina para la producción de piensos para animales.

La primera generación de alimentos transgénicos comercializados ha supuesto una mejora de la situación para los productores, por ejemplo, ofreciendo variedades resistentes a plagas que permiten disminuir los riesgos a perder la cosecha. Sin embargo, el desarrollo futuro de estos alimentos pasa por la creación de alimentos que tengan propiedades nutricionales mejoradas, pero generarlos es más complejo, aunque ya hay algunos como el célebre arroz dorado, capaz de acumular una cantidad relevante de vitamina A, no presente originalmente en el arroz y que puede suponer una importante ayuda en aquellos países en los que la alimentación depende en grandísima medida de este cereal.

En cualquier caso, tanto el desarrollo y uso de transgénicos como su regulación y control están sometidos a un intensísimo debate plagado de controversias e intereses económicos y políticos. En este sentido, los consumidores recibimos gran cantidad de información casi siempre sesgada a favor o en contra, que nos puede llevar a moldear una opinión al respecto basada en datos que pueden no tener una base científica, como explicamos a continuación.

Por una parte, está la seguridad de los alimentos transgénicos. Aunque no se ha demostrado nunca que el consumo de los alimentos actualmente aprobados pueda conllevar ningún riesgo para la salud, incluyendo la aparición de alergias, y pese a que los transgénicos para lograr su aprobación tienen que demostrar su seguridad de forma muchísimo más exhaustiva que cualquier otro tipo de alimento, se infunde un miedo irracional acerca de la posible toxicidad de los OMG o de los riesgos para la salud por el hecho de haber sido modificados por medio de herramientas biotecnológicas. Lo cierto es que la biotecnología nos rodea mucho más de lo que podemos pensar y hacemos uso de ella para poder generar productos que son realmente esenciales. Por ejemplo, se utilizan microorganismos transgénicos para producir insulina para los diabéticos, así como para otros muchísimos productos e ingredientes.

Por otra parte, se repite mucho que ingerimos constantemente gran cantidad de transgénicos. Como ya hemos adelantado, la lista de cultivos transgénicos que se pueden utilizar es relativamente corta. Es decir, no comemos manzanas transgénicas ni es transgénico el kiwi amarillo ni la sandía sin pepitas. Además, existe un control bastante exhaustivo sobre el cultivo y uso de los transgénicos, y se obliga, como ya se ha dicho, a etiquetarlos explícitamente cuando se incluyen en más de un 0,9% del total en un producto, por lo que, si esta mención no figura en la etiqueta, es que no se están comiendo transgénicos. No obstante, sí comen transgénicos los animales de los cuales nos alimentamos.

En tercer lugar, uno de los principales argumentos en contra de los OMG es que promueven una pérdida de biodiversidad. El razonamiento detrás de ello es el hecho de que, al ser cultivos más resistentes, podrán desplazar de forma natural otras variedades existentes previamente, disminuyendo el número de variedades diferentes disponibles y, por tanto, la biodiversidad. Sin que esto deje de ser cierto, el sistema tradicional de selección de cultivos y semillas promueve exactamente los mismos efectos, por lo que no parece esta una razón por sí misma para oponerse al uso de los transgénicos. Además, al incluir muchos de ellos nuevos genes que confieren resistencia a determinadas plagas, los cultivos transgénicos pueden crecer y desarrollarse de manera adecuada sin necesidad de aplicar fungicidas o herbicidas en la misma cantidad que en cultivos convencionales, por lo que, paradójicamente, podrían proporcionar un beneficio medioambiental en ese sentido.

Existe un último argumento de que las multinacionales que desarrollan OMG pueden llegar a controlar la producción de alimentos. Este punto es el que más aristas tiene y es necesario considerar muchos matices. Los OMG suelen desarrollarse en forma de plantas infértiles, es decir, el agricultor tiene que comprar semillas a la empresa desarrolladora en cada campaña y, por lo tanto, se puede dar una situación de dependencia. Aunque este argumento sea completamente válido, hay que tener en cuenta que las mismas empresas multinacionales venden semillas no transgénicas con limitaciones de uso y que generan igualmente el mismo grado de dependencia. Por otra parte, los transgénicos son exclusivos de grandes multinacionales, porque son las únicas con capacidad económica para lograr su desarrollo y aprobación, pero con un cambio en la situación legal podrían generarse muchos otros cultivos que no tendrían por qué ser propiedad de las multinacionales, reduciendo de esta forma la posibilidad de monopolios en el suministro de semillas. En conclusión, la producción de alimentos transgénicos y su control, tanto a pequeña escala como a escala mundial, es un problema político, no científico.

Modificaciones del futuro: la edición genética

Hace tan solo unos años que el campo biotecnológico se revolucionó con el surgimiento de una técnica nueva (Jinek *et al.*, 2012), desarrollada a partir de unas determinadas secuencias de ADN denominadas CRISPR (repeticiones palindrómicas cortas agrupadas y regularmente interespaciadas), que se basa en la edición genética y que ha sido desarrollada a partir de los descubrimientos del científico español Francis Mojica. Esta herramienta permite modificar genes en un organismo de forma dirigida; es decir, se puede modificar la cadena de ADN para que un gen cobre vida en un organismo o deje de tenerla, por ejemplo. Esta nueva tecnología que ya ha valido la concesión de un Premio Nobel, tiene infinidad de potenciales aplicaciones en muchos ámbitos, incluyendo el biomédico, donde hay muchas esperanzas en que sea clave para la cura de muchas enfermedades. Otro campo donde puede tener gran interés es el de los alimentos y su producción. En este caso, y a diferencia de los transgénicos tradicionales, las modificaciones que se pueden realizar en un determinado cultivo no implican la inclusión de nuevos genes de otra especie, sino que se modifican los naturalmente presentes en ese organismo. Es exactamente lo mismo que se ha hecho a lo largo del tiempo para la selección de variedades de plantas o razas de animales, como comentábamos al principio, pero de forma mucho más rápida. En este sentido, ya se han desarrollado variedades de plantas que son más resistentes a la sequía y que pueden ser clave para el futuro, teniendo en cuenta el cambio climático.

En 2021 se puso a la venta en Japón el primer tomate modificado utilizando CRISPR. Se diferencia de los convencionales en que es capaz de acumular altas cantidades de ácido gamma-aminobutírico, que se relaciona con efectos positivos sobre la salud, como ayudar a disminuir la presión arterial.

En cuanto al marco legal dentro de la Unión Europea, los posibles alimentos generados utilizando herramientas de edición genética fueron considerados en un primer momento como OMG por parte del Tribunal de Justicia de la Unión Europea, por lo que debían someterse a las mismas restricciones y procesos de autorización que el resto de alimentos transgénicos al considerar que su genoma estaba alterado. Sin embargo, en solo unos pocos años se ha visto claramente el grandísimo potencial que pueden tener cultivos desarrollados con estas herramientas, por lo que la Comisión Europea ha modificado su punto de vista y, actualmente, está en proceso de redacción y propuesta una nueva normativa por la cual los cultivos producidos por edición genética que sean similares a los que se podrían haber generado de forma natural con el paso del tiempo (o por selección guiada por los propios agricultores) quedarán exentos de cumplir los requisitos establecidos para los alimentos transgénicos.

Este nuevo marco legal, mucho más en línea con las evidencias científicas disponibles en cuanto a la seguridad y equivalencia de los alimentos generados por medio de CRISPR, sin introducir genes externos a la especie en cuestión, abre la puerta al desarrollo y comercialización de nuevas variedades de plantas que pueden ser una herramienta muy útil para luchar contra los próximos desafíos globales, como el cambio climático, pero también para producir alimentos más sanos, más sabrosos o seleccionando determinadas características.

Más bulos en la lista

Independientemente de la herramienta biotecnológica que se utilice para producir el alimento modificado genéticamente, existen algunas afirmaciones que carecen de respaldo científico. Una de ellas es que estos alimentos causan alergias. Puesto que las modificaciones tienen lugar para dotar al alimento de una característica diferencial, la aparición de alergias no tendría nada que ver. De hecho, una persona que no fuera alérgica a un alimento convencional, tampoco lo sería al mismo modificado genéticamente. Es más, los alimentos modificados podrían ayudar a eliminar los alérgenos y sustancias que pueden dañar la salud de personas sensibles. En este sentido, la enfermedad celiaca no tiene cura y obliga a los enfermos a evitar el consumo de gluten. Sin embargo, sí se puede actuar sobre los cereales en los que el gluten está presente. Un equipo del CSIC está trabajando en el diseño de nuevas variedades de trigo con bajas cantidades de proteínas inmunogénicas de gluten, gracias a la implementación de técnicas de edición genéticas (Sánchez-León *et al.*, 2017). El trigo resultante sería apto para celiacos, facilitando la vida de estas personas significativamente.

Existe también la creencia de que los OMG no aportan nada al sistema alimentario ni a la sociedad y solo podrían responder a caprichos de los consumidores más que a necesidades reales. En este sentido, se dice que los alimentos modificados estarían dirigidos a aumentar la comodidad de consumo de los alimentos, por ejemplo, eliminando las pepitas o produciendo pescado sin espinas. La realidad es que la mayoría de las investigaciones en marcha están enfocadas en aspectos mucho más relevantes, como puede ser potenciar el perfil nutricional de algunos alimentos, generar nuevas variedades de plantas más resistentes a condiciones climáticas extremas o incluso aumentar el rendimiento y la cantidad de proteínas presentes en el trigo.

No cabe ninguna duda de que a medida que esta tecnología se extienda y comiencen a aparecer cada vez más productos en el mercado basados en cultivos generados por edición genética, los bulos y mitos irán en aumento. Pero ¿por qué no aprovechar el conocimiento científico para lograr mucho más rápido, comprobando su seguridad, lo mismo que se ha tardado en conseguir decenas de años?

Para recordar

- La selección genética de especies y variedades es tan antigua como la agricultura y la ganadería.
- La práctica totalidad de los alimentos que comemos se han seleccionado y modificado genéticamente por medios tradicionales a lo largo de cientos de años y no son ni mucho menos parecidos a sus ancestros.
- Los alimentos transgénicos están muy controlados por la Unión Europea y su consumo directo es prácticamente inexistente.
- No hay evidencias científicas que indiquen que los alimentos transgénicos sean perjudiciales para la salud.
- Las nuevas herramientas de edición genética pueden conducir a un desarrollo rápido de nuevas variedades de alimentos que respondan a las necesidades futuras de la sociedad.

CAPÍTULO 5

Aliméntame sin aditivos

Por definición, un aditivo alimentario es una sustancia que se utiliza en la formulación de alimentos sin que sea realmente un alimento en sí mismo ni un ingrediente estrictamente necesario para la producción de dicho alimento. Así, se puede deducir que son sustancias que se añaden a los alimentos para modificar algunas de sus propiedades características, como el color o la textura, o para mejorar la solubilidad de los ingredientes, entre otros fines. A pesar de ser frecuentemente denostados, los aditivos juegan un papel fundamental en nuestra alimentación, puesto que, en algunos casos, son los responsables de que podamos disponer de algunos productos que, de otra forma, no estarían a nuestro alcance. Muchas personas rechazan los aditivos por principio y, sin embargo, quieren disponer de alimentos preparados listos para consumir, como legumbres ya cocidas en bote, o disfrutar de un buen vino en la cena o un helado en verano. Así, teniendo en cuenta su definición y cómo se utilizan, se puede deducir que los aditivos solo se van a encontrar en productos procesados. Por lo general, los productos frescos estarán libres de aditivos. Además, hay grupos de alimentos en los cuales el uso de aditivos está prohibido o muy limitado, como, por ejemplo, miel, aceites, mantequilla o leche, aguas minerales, café o pasta, entre otros.

Tipos de aditivos

Los aditivos que se utilizan en la actualidad pueden estar clasificados en dos grupos diferentes en función de su uso concreto. El primero sería el compuesto por los aditivos que se utilizan para asegurar la conservación de los alimentos o prevenir su deterioro. Dentro de este grupo encontramos, por tanto, compuestos que se utilizan como conservantes o también antioxidantes. Son tan importantes que sin ellos habría muchos alimentos, como carnes procesadas, bebidas, salsas, vino, entre otros, que en muchos casos no podrían comercializarse, dado que se produciría un deterioro de los mismos antes de que diera tiempo a consumirlos después de la fabricación. Por otra parte, existe otro segundo grupo de aditivos que se utilizan para modificar las características sensoriales de los alimentos, es decir, su apariencia, sabor, color o aroma. Dentro de este grupo se encuentran, por ejemplo, los espesantes, emulsionantes, potenciadores de sabor, edulcorantes, colorantes o aromas. En la figura 4 se muestran algunos ejemplos de cada grupo. Además, se puede establecer otro tipo de clasificación dependiendo del origen del aditivo, diferenciando entre naturales y sintéticos.

En todos los casos, el uso de aditivos en alimentación, su uso concreto, así como la cantidad máxima que puede ser utilizada están estrictamente controlados en función de varios parámetros. Su legislación, como en otros aspectos alimentarios, deriva de la normativa europea y del trabajo de la EFSA para evaluar los riesgos de los compuestos que son autorizados para su uso en función de la evidencia científica que hay disponible, incluyendo las propiedades químicas y biológicas de los aditivos, su toxicidad potencial y sus estimaciones de exposición alimentaria humana teniendo en cuenta su uso esperado. En cuanto a su empleo en alimentos, se han de cumplir tres requisitos indispensables para que se admita el uso de un determinado aditivo: 1) que exista la necesidad tecnológica, es decir, que su uso esté justificado y sea completamente necesario para elaborar el alimento al que se añade; 2) que su empleo no induzca a error al consumidor, es decir, que no se utilice con la finalidad de enmascarar defectos o fraudes, y, por último, 3) que sean seguros para su consumo.

Figura **4**

Principales tipos de aditivos alimentarios dependiendo de su uso y utilidad y algunos ejemplos.

USO	GRUPO	EJEMPLOS
Asegurar frescura y prevenir deterioro	Conservantes	Sorbato de sodio (E-201)
	Antioxidantes	Alfa-tocoferol (E-307)
	Agentes de recubrimiento	Cera de abejas (E-901)
	Gases de envasado	Nitrógeno (E-941)
	Secuestrantes	EDTA (E-385)
Modificar características sensoriales	Edulcorantes	Sorbitol (E-420)
	Colorantes	Caramelo natural (E-150a)
	Acidulantes	Ácido cítrico (E-330)
	Correctores de acidez	Tartrato potásico (E-336)
	Antiaglomerantes	Dióxido de silicio (E-551)
	Emulgentes	Polisorbato 80 (E-433)
	Potenciadores de sabor	Glutamato (E-621)
	Gelificantes	Pectinas (E-440)
	Estabilizantes	Alginato (E-402)

Fuente: Elaboración propia.

Como ya se ha mencionado, la seguridad de cada compuesto considerado como aditivo se evalúa basándose en la evidencia científica disponible, gracias a la cual se establecen cantidades diarias de consumo admisible para cada persona. La ingesta diaria admisible (IDA) se define como la cantidad de un aditivo que se puede consumir diariamente durante toda la vida sin que se observe un riesgo apreciable para la salud y contiene en su cálculo un factor de seguridad que puede llegar a ser de 100 veces menos que la cantidad que se considera perjudicial para la salud. De esta forma estamos protegidos, siguiendo un principio de precaución, en caso de que aparezca nueva evidencia científica que obligue a cambiar la perspectiva, además también de proteger a individuos más sensibles, como niños o ancianos. Estos valores, incluidos en la legislación, marcan de forma clara la cantidad de aditivos que pueden ser utilizados en la producción de alimentos. De igual forma, es importante recalcar que el establecimiento de estos límites es independiente del origen natural o sintético de los aditivos.

Listas de aditivos

Los aditivos que están autorizados para su uso dentro de la Unión Europea se encuentran en la normativa aplicable[5], en la cual se incluye, además, un número que identifica a cada uno de ellos, el famoso número E. Este número es una forma de codificar el tipo de aditivo del que se trata y, asimismo, permite abreviar en el etiquetado la mención de cada uno, si bien sí que se deben señalar los tipos utilizados (conservantes, antioxidantes, etc.). Por ejemplo, los colorantes comienzan por el número 1, mientras que los edulcorantes lo hacen por el 9; los antioxidantes, por el 3; los conservantes, por el 2. De esta forma, podemos encontrar algunos aditivos comunes como el ácido ascórbico (E-300, antioxidante), glucósidos de esteviol o estevia (E-960, edulcorante), metabisulfito de sodio (E-223, conservante), agar-agar (E-406, espesante) o glutamato monosódico (E-621, potenciador de sabor), por poner algunos ejemplos clásicos presentes en el etiquetado de muchos productos elaborados.

Igualmente, en esta normativa se pueden encontrar las cantidades máximas en las que dichos aditivos se pueden emplear y los tipos de productos en los que son admisibles, puesto que no cualquier tipo de aditivo puede utilizarse en cualquier producto alimentario. Pese a la desconfianza que despierta en algunos consumidores la presencia de estos aditivos en las etiquetas de los alimentos, el hecho de que se vea

---

5. Reglamento (CE) n.º 1333/2008 del Parlamento Europeo y del Consejo de 16 de diciembre de 2008 sobre aditivos alimentarios.

reflejada su presencia, codificada con un número E, indica precisamente que su uso está completamente regulado y que se ha considerado seguro.

Posibles efectos adversos

El desconocimiento de cómo funcionan los aditivos, es decir, la función que cumplen en el propio alimento, así como las cantidades en las que se añaden, sumado a la obligación de declarar algunos aspectos en la etiqueta de los alimentos para la propia protección del consumidor desembocan en ideas o informaciones erróneas que malinterpretan estos usos y que, finalmente, dan lugar a bulos que se extienden con rapidez, sobre todo hoy en día, gracias al altavoz infinito de las redes sociales y al afán de algunos medios por el *clickbait*, titulares anzuelo que buscan que accedamos a contenidos *online* para aumentar su tráfico y, de paso, sus ingresos por publicidad.

Se habla a menudo, por ejemplo, de que los aditivos pueden producir alergia. Esto es debido a que existe un grupo de conservantes que se utilizan en algunos alimentos, los sulfitos, que incluyen diferentes aditivos (del E-220 al E-228). Estos compuestos se utilizan para controlar e impedir el crecimiento de bacterias. Sin embargo, hay una pequeña parte de la población que puede desarrollar reacciones alérgicas a estos compuestos. En realidad, son reacciones muy parecidas a las alérgicas en cuanto a su desarrollo, pero no involucran al sistema inmunitario, por lo que realmente son reacciones de hipersensibilidad. Para proteger a estas personas, es de obligado cumplimiento que los productos que contienen estos conservantes incluyan en su etiquetado la frase "contiene sulfitos". Es una medida de precaución similar a la que se toma con otros alérgenos. Sin embargo, parece que en este caso genera dudas acerca de su seguridad.

Independientemente del producto que sea, el uso de sulfitos será igualmente controlado y la cantidad añadida estará siempre determinada por la normativa. La sola presencia de esta frase adicional para alertar a personas sensibles a estos compuestos no quiere decir que la seguridad del producto se vea comprometida o que se esté usado de forma irregular. De hecho, aunque se utilizan también en otros productos, como algunos a base de frutas, los sulfitos se vienen empleando desde hace siglos para evitar el crecimiento de bacterias en vinos después de la fermentación, incluso en vinos con mención de vino ecológico, en los que muchos pensarían que no pudiera ser utilizado, como veremos más adelante. Se ha ligado la presencia de sulfitos en el vino con los efectos secundarios que se pueden padecer el día después, como dolor de cabeza, náuseas, sudoración, es decir, la típica resaca. Sin embargo, estos efectos se relacionarían realmente con la presencia de otros compuestos presentes en el vino de forma natural como la histamina u otras aminas y, por supuesto, con el alcohol y su metabolismo, y la deshidratación que produce. De hecho, esos síntomas también aparecen tras el consumo en exceso de otras bebidas alcohólicas sin sulfitos.

Otro de los bulos relacionados con los aditivos pasa por la creación de adicciones. En este caso, el aditivo que más se repite es el del glutamato monosódico, que no es más que una sal que se forma con ácido L-glutámico, un aminoácido presente en cualquier alimento proteico; así que la primera sorpresa es descubrir que el glutamato monosódico es un compuesto tan natural como otros. En alimentación se utiliza como potenciador de sabor.

El compuesto en sí no tiene ningún sabor reseñable, pero potencia el sabor cuando se añade a productos elaborados y procesados e incorpora matices del denominado quinto sabor, el *umami*. El uso del glutamato permite incluso disminuir la cantidad de sal en los alimentos, lo que sería, en principio, más saludable.

El problema aparece en el momento en el que este compuesto se ha visto señalado como responsable de algunos problemas o efectos secundarios tras un consumo excesivo, como dolor de cabeza, sudoración o náuseas. Además, se ha mencionado repetidamente que este aditivo podría producir adicción.

Las razones anteriores y el uso tan extendido a nivel mundial hacen que sea uno de los aditivos con más estudios científicos, con resultados iguales: no es posible aportar una evidencia científica sólida que respalde que los presuntos efectos secundarios se produzcan como consecuencia del consumo de glutamato en las condiciones utilizadas en la industria alimentaria (Zanfirescu *et al.*, 2019). Muchos de estos estudios publicados con conclusiones equivocadas acerca de la toxicidad del glutamato están realizados con modelos diversos en los que la dosis del compuesto añadido es muy superior a la que se podría encontrar en un consumo de alimentos normal. Ya lo dijo Paracelso, "en la dosis está el veneno", una frase que aplica a casi cualquier sustancia que nos rodea. Por lo tanto, los estudios se han de llevar a cabo en condiciones de consumo real, en las dosis que se pueden encontrar en los alimentos. Y en estas condiciones todo indica que el glutamato es seguro.

En cuanto a su poder de adicción, este tiene que ver con un efecto que podría ser psicológico. Al ser un potenciador de sabor, puede hacer que los alimentos que lo contienen nos gusten más que los alimentos similares que no lo llevan y de ahí que tengamos más deseos de seguir consumiendo los primeros sobre los segundos. Este efecto es común al de otros alimentos procesados, que son capaces de proporcionarnos sensaciones placenteras durante su consumo que invitan a seguir consumiéndolos en más cantidad, pero no se puede considerar un efecto adictivo como tal relativo exclusivamente al glutamato.

"Puede tener efectos negativos sobre la actividad y la atención de los niños". Esta es la frase que podemos encontrar en la etiqueta de productos que contengan en su formulación algunos colorantes alimentarios, conocidos como colorantes azoicos por su particular estructura química. Se trata de los colorantes E-102, E-104, E-110, E-122, E-124 y E-129. Esta frase no pasa desapercibida y su presencia en las etiquetas ha levantado una gran polémica en cuanto al uso de estos colorantes. Su presencia deriva de un estudio realizado en

Inglaterra que relacionaba el consumo alto de productos ricos en estos colorantes (básicamente golosinas y bebidas refrescantes) con una mayor probabilidad de padecer trastornos de hiperactividad y déficit de atención. Sin embargo, la EFSA ha abordado el estudio de toda la evidencia científica disponible varias veces, sin que se hayan encontrado relaciones causa-efecto en los datos disponibles y, por lo tanto, sin que se pueda demostrar que dichos colorantes son responsables de esos efectos indeseados. Nuevamente, hay que mencionar el hecho de que se evalúan los datos cuando se administran los colorantes en las dosis máximas permitidas, que ya incluyen un margen de seguridad, como anteriormente hemos explicado. No obstante, siguiendo un principio de precaución y teniendo en cuenta que la población potencialmente perjudicada sería la infantil, se decidió que la presencia de estos colorantes en alimentos fuera acompañada de la frase mencionada.

Otro de los aditivos que últimamente ha despertado mucha inquietud es el EDTA (E-385). Este compuesto se encuadra dentro del grupo de los conservantes y antioxidantes, y en los alimentos tiene la propiedad de impedir que aparezcan reacciones de oxidación que deterioren el producto. La polémica en este caso deriva muy probablemente del uso de este compuesto en otros ámbitos, como el médico, pues, aunque también se use para otras aplicaciones, su empleo es muy diferente, tanto en forma como, sobre todo, en cantidad. En definitiva, no hay que preocuparse por la presencia de EDTA en la etiqueta de un alimento como, por ejemplo, los botes de legumbres, puesto que las dosis que se emplean están muy por debajo de los límites de seguridad.

Estos son algunos ejemplos de los bulos que se extienden relacionados con la seguridad de los aditivos alimentarios. A este respecto, cabe señalar que tenemos un entorno muy seguro, gracias al conocimiento científico disponible y a los mecanismos para regular la presencia y uso de estas sustancias en los alimentos. Además, aunque existe una legislación aplicable que incluye los límites máximos en los casos en los que es necesario, hay que tener en cuenta que la EFSA revalúa constantemente la evidencia científica disponible. Como la ciencia no es estática, sino que va cambiando con el tiempo a medida que surgen nuevos descubrimientos, cualquier evidencia en contra del uso de un aditivo determinado será reflejada en la legislación para nuestra propia protección.

¿Qué pasa entonces con el aspartamo?

El aspartamo (E-951) es uno de los edulcorantes más utilizados en la industria alimentaria. Se trata de un compuesto artificial sin calorías que, sin embargo, endulza 200 veces más que el azúcar a igualdad de peso. Esto ha hecho que su uso esté muy extendido en la elaboración de bebidas refrescantes, golosinas y dulces, productos lácteos, postres e incluso como edulcorante de mesa.

Su seguridad se ha evaluado y estudiado varias veces en Europa y no se ha encontrado ningún motivo de preocupación. No obstante, actualmente (2023-2024) se está estudiando nueva información disponible en cuanto a este compuesto y a nuevos edulcorantes relacionados con él estructuralmente, como el neotamo (E-961), que se fabrica a partir de aspartamo, y la sal de aspartamo-acesulfamo (E-962), por lo que en un futuro cercano la EFSA actualizará toda la información disponible. Mientras esto sucede, en el año 2023 saltó la polémica cuando la Agencia Internacional de Investigaciones sobre el Cáncer, perteneciente a la Organización Mundial de la Salud (OMS), incluyó el aspartamo en la lista de compuestos "posiblemente carcinógenos", denominado grupo 2B. Dentro de este grupo se incluyen sustancias para las cuales hay alguna evidencia científica que podría indicar una relación con el cáncer, pero que no se encuentra suficientemente sustentada como para afirmar que es efectivamente un carcinógeno. Algunas sustancias incluidas también en este grupo son extractos de *Aloe vera* o *Ginkgo biloba*, o el ácido cafeico, un antioxidante natural muy presente en el café.

En el caso concreto del aspartamo, tres estudios realizados en Estados Unidos han visto relación entre el consumo de este edulcorante y un tipo de cáncer de hígado. De esta conclusión derivó una gran preocupación, teniendo en cuenta la gran cantidad de productos en las que se usa este edulcorante. Sin embargo, el Comité Mixto FAO/OMS de Expertos en Aditivos Alimentarios (JECFA), que se ocupa de establecer los riesgos de los aditivos a escala mundial y establecer las dosis diarias de ingesta admisibles, tras revisar toda la documentación decidió mantener la ingesta máxima diaria previamente establecida de 40 mg de aspartamo por kg de peso al día. Hay que tener en cuenta, además, que la clasificación dentro de un grupo determinado de diferentes compuestos o sustancias no implica que tengan el mismo riesgo de favorecer la aparición de cáncer, puesto que esto dependería también de las dosis en las cuales podría aparecer o de la exposición a dichas sustancias.

Todas estas razones muestran que la evidencia científica actual no apoya ningún cambio adicional en la práctica en cuanto al uso del aspartamo. No obstante, en línea con las recomendaciones dietéticas para una alimentación saludable, como consumidores, podemos tratar de disminuir el consumo de productos edulcorados en general, ya que, de esta forma, no solo reduciremos la cantidad total de aspartamo consumido (y, por tanto, cualquier eventual riesgo), sino que redundará probablemente en una mejora en nuestra salud, puesto que los edulcorantes tienen un efecto colateral y es que, aunque no consumamos azúcar, nos acostumbramos al sabor dulce y tendemos posteriormente a consumir alimentos que son más dulces de forma natural y que contienen más azúcares simples.

Alimentos sin aditivos

Es muy frecuente hoy en día encontrar alimentos que se muestran libres de aditivos artificiales e incluso libres de aditivos en general. Este hecho no deja de ser una estrategia comercial que explota la quimiofobia, es decir, huir de aquello que tiene un origen químico, tan extendida entre algunos consumidores y que muchas veces puede ser, incluso, un tipo de engaño. Este término, desde su propia definición, es confuso y erróneo, además de irracional, puesto que cualquier sustancia tiene origen químico, independientemente de si es natural o de síntesis. Probablemente, para muchos, el término correcto debería de ser "sinteticofobia". Aun así, muchos consumidores buscan productos que estén libres de aditivos en un intento de comer alimentos "más naturales". Como se ha señalado previamente, los productos frescos no suelen tener ningún tipo de aditivo, dado que la mayor parte de ellos se emplean con fines tecnológicos para el desarrollo de alimentos procesados y ultraprocesados, por lo que, si restringimos en nuestra dieta este grupo de alimentos, estaremos disminuyendo la cantidad de aditivos que ingerimos. Además, la quimiofobia deja de lado la propia necesidad de contar con aditivos para poder disponer de los productos alimentarios que tenemos a nuestro alcance, así como el origen de los aditivos, si es natural o no, o si, en otro contexto, son deseables.

El ejemplo más claro y paradigmático es el del ácido ascórbico (E-300). Este compuesto antioxidante es uno de los aditivos más ampliamente utilizados en la industria alimentaria, y no es más que otro de los nombres que recibe la vitamina C, un compuesto evidentemente natural. Es muy común que muchos consumidores que reniegan de aditivos en los alimentos, incluyendo este, recurran a complementos y suplementos alimenticios a base de vitaminas para complementar su dieta en determinados momentos. Sin embargo, a nivel químico no hay ninguna diferencia entre el aditivo y la vitamina C comprada dentro de un suplemento vitamínico. Igualmente, es muy probable que la vitamina C incluida en el suplemento no tenga un origen natural ni haya sido extraída a partir de los vegetales en los que esta vitamina es tan abundante, sino que se haya producido por síntesis química, de forma artificial.

Entonces, si una persona quiere alimentos sin aditivos, ¿por qué no recurrir a la alimentación ecológica? En la producción de alimentos ecológicos se tiene que prescindir por normativa del uso de sustancias de síntesis, como pesticidas o fertilizantes, por ejemplo. Los productos alimentarios derivados de estos cultivos parecen, por tanto, una alternativa al consumo de alimentos convencionales con aditivos. Sin embargo, la realidad es distinta, puesto que para la producción de alimentos ecológicos existe una lista bastante extensa de aditivos que sí pueden ser utilizados, y esta lista existe, básicamente, porque de lo contrario sería imposible elaborar algunos de ellos.

Un ejemplo claro es la presencia de sulfitos en vinos ecológicos. El uso de sulfitos como conservante es de muy difícil sustitución durante la vinificación. Tanto es así que hasta los vinos de producción ecológica incluyen este aditivo de forma convencional. Otros ejemplos de aditivos probablemente inesperados para muchos consumidores, pero admitidos en alimentos ecológicos, son algunos tan poco "naturales" como nitritos, carbonatos, dióxido de silicio o hidroxipropilmetilcelulosa, por nombrar algunos. El hidróxido de sodio también está entre ellos o lo que es lo mismo: la sosa está admitida para la producción de alimentos ecológicos.

Para recordar

- Los aditivos son imprescindibles para la fabricación de algunos alimentos procesados, pero solo pueden utilizarse cuando hay una razón tecnológica para ello, no se emplean para enmascarar defectos y son seguros.
- Su uso, autorización y condiciones están muy regulados y vigilados por la Unión Europea siguiendo la evidencia científica disponible.
- La evidencia científica actual apunta a la completa seguridad de todos los aditivos utilizados, ya sean de origen natural o sintético, en las condiciones y cantidades permitidas.
- No hay razón demostrada para dejar de consumir el edulcorante aspartamo, aunque reducir el consumo de edulcorantes, en general, es una buena opción nutricional.

CAPÍTULO 6

¿Qué dicen las etiquetas de los alimentos?

El etiquetado de los alimentos es el medio por el cual se informa a los consumidores de los productos a los que se ha aplicado algún tipo de procesamiento. Incluso contando con todos los puntos potencialmente mejorables que pueden existir, la información que se ha de incluir en las etiquetas de los alimentos supone, en realidad, una herramienta esencial de cara a tomar conciencia de lo que realmente se está comprando y consumiendo. Aunque a los consumidores pueda parecerles que cada producto tiene su etiquetado particular debido a los diferentes envasados y formatos, en realidad existe una normativa específica que detalla qué información es obligatoria y cómo debe presentarse, y es común a todos los productos alimentarios procesados[6]. De esta forma, se pueden obtener datos muy interesantes para el día a día a partir de esta información, que van a ayudar, además, a tomar decisiones más fundamentadas en lo que a las características nutricionales de los alimentos que compramos o en cuanto a su composición se refiere.

---

6. Reglamento (UE) n.º 1169/2011 sobre la información alimentaria facilitada al consumidor.

Lo que debe contener

En general, los etiquetados tienen que estar presentes en los alimentos envasados, es decir, que han sufrido algún tipo de procesamiento. Por su parte, los alimentos no envasados, normalmente aquellos que se venden al peso y que son, en general, productos frescos, tienen que cumplir otra serie de requisitos, como su procedencia, si bien es estos casos se trata de una información más simplificada como consecuencia de la forma de venta y de la naturaleza de la mayor parte de los alimentos que se incluyen dentro de este grupo. En la figura 5 se muestra, a modo de ejemplo, una reproducción del etiquetado de un producto encontrado en el supermercado (una tarrina de dátiles). En ella se pueden ver algunos aspectos que comentaremos a continuación.

Figura 5

Reproducción de una etiqueta de una tarrina de dátiles.

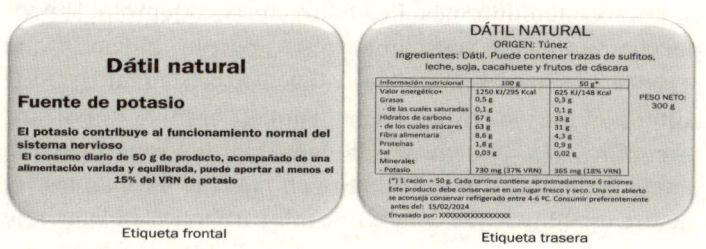

Etiqueta frontal

Etiqueta trasera

El primer punto de información obligatoria que los productos alimentarios deben contener en su etiquetado es, aunque parezca obvio, su denominación. Es decir, nos debe mostrar claramente qué se ofrece. Pero, además, esta denominación tiene que ser clara y precisa, de forma que no dé lugar a malinterpretaciones o errores por parte del consumidor. Y es que puede parecer evidente que un producto muestre en su envasado de qué se trata, pero hay matices que pueden ayudar a confundir o hacer que la compra se decante por uno y no por otro, dando lugar a equívocos. Además, en caso de existir, se debe incluir su denominación legal, que algunos productos tienen definida en función de su composición o de su forma de preparación. Ejemplo de ello son los tipos de aceite de oliva o la denominación que se presente en el comúnmente llamado jamón york. En este caso, el nombre real del producto sería jamón cocido. En este sentido, aunque todos estos productos tienen algunos puntos en común en cuanto a la carne que se utiliza para su preparación o en cuanto a su proceso de elaboración, no todos cuentan con la misma composición. Así, el jamón cocido de categoría extra presentará un contenido en azúcar limitado y no puede contener en su composición almidones ni proteínas añadidas. Existe un segundo tipo que se denomina jamón cocido (sin el calificativo "extra"), que puede contener un 1% de proteínas añadidas y mayor contenido de azúcares y, por último, están los etiquetados como fiambre, que pueden incluir en su composición almidones. Por tanto, en este ejemplo, la propia denominación del alimento ya nos está diciendo qué ingredientes podría contener o no, sin necesidad de consultar aún más la etiqueta. En cualquier caso, es importante confirmarlo, puesto que la cantidad de carne presente puede ir del 50% en los fiambres a más del 95% en los jamones cocidos extra, por lo que las diferencias son muy grandes. Lógicamente, a mayor cantidad de carne, mayor calidad en el producto final.

En relación con el punto anterior, el siguiente aspecto importante que el etiquetado debe contener es la lista de ingredientes. Esta es una información fundamental, puesto que da idea de la composición del producto. Dentro de esta lista se han de especificar absolutamente todos los ingredientes utilizados en la elaboración de un alimento determinado, tanto los ingredientes principales como los minoritarios o los aditivos incluidos. De hecho, esta lista por sí sola ya nos puede dar una idea muy clara de la calidad del producto en cuestión o de si es más o menos saludable. Un aspecto muy importante, y que muchos consumidores desconocen, es que los ingredientes se han de incluir en la lista de mayor a menor peso, o, lo que es lo mismo, de más abundante a menos abundante. Esto significa que, por ejemplo, si en un cacao soluble de los utilizados frecuentemente en el desayuno infantil el primer ingrediente de la lista es azúcar, este será el ingrediente que se encuentre en mayor proporción en el producto y no el cacao precisamente.

La cantidad concreta de cada componente no es, sin embargo, siempre obligatoria. El caso en el que se debe señalar el porcentaje de un ingrediente determinado es cuando este figure o bien en la denominación del alimento (por ejemplo, en el jamón cocido debe figurar la cantidad de jamón) o bien si se destaca en el envase. Un ejemplo sería el de un refresco en el que en la etiqueta de la botella figura "sandía", haciendo mención al tipo de ingrediente y que "contiene un 35% de zumo". Por tanto, debe figurar ese 35% de zumo en la lista de ingredientes, acompañado de la fruta de procedencia de dicho zumo. En este ejemplo (real), la cantidad de sandía solo supone un 3%, de acuerdo con el etiquetado, mientras que el resto de zumo mencionado procede de otras frutas. Este producto ejemplifica perfectamente por qué es muy interesante, e incluso necesario, leer la etiqueta antes de comprar, de forma que podamos estar perfectamente informados de lo que vamos a consumir.

Además de la denominación y los ingredientes, las etiquetas de los alimentos tienen que contener obligatoriamente la cantidad neta del producto (en volumen o peso, dependiendo del producto en cuestión), una declaración sobre los alérgenos que están o podrían estar presentes, la fecha de caducidad o de consumo preferente, la forma de conservación del producto y su modo de cocinado si fuera necesario, así como la empresa que lo produce y el lugar de procedencia en algunos casos específicos, como la miel, y algunas carnes envasadas, por ejemplo. Por último, tiene que mostrarse de manera clara la información nutricional de los productos.

Información nutricional

Se trata de una parte esencial de las etiquetas de los alimentos y es, probablemente, la mayor fuente de bulos en relación con este tema. Esta información, obligatoria desde 2016, aparece en forma de tabla donde se agrupa la información de composición del alimento y es común a cualquier tipo de producto envasado. Es importante considerar que solo se considera la porción comestible en los pesos indicados. Esto quiere decir, por ejemplo, que si leemos la etiqueta de un paquete de frutos secos con cáscara, las cantidades mostradas solo se referirán al fruto seco sin la cáscara, no a todo el contenido del producto.

Entre los datos incluidos en la tabla, entre otros, se encuentra el valor energético, es decir, la cantidad de calorías que aporta el alimento por 100 g o 100 ml de producto, en función de si es un producto sólido o líquido. Además, se incluyen las cantidades en cada uno de los nutrientes principales, es decir, grasas totales, hidratos de carbono totales y proteínas. La cantidad de grasas totales se complementa indicando la cantidad de grasas saturadas dentro de ese total, mientras que la de hidratos de carbono se complementa con la cantidad de azúcares. Por último, también se señala la cantidad de sal. En ocasiones, se muestra información acerca del contenido en vitaminas y minerales concretos, pero siempre y cuando estos se encuentren en proporciones relativamente altas en el alimento en función de los valores de ingesta diaria de referencia (más de 7,5% del valor de referencia en bebidas y más del 15% del valor de referencia en el resto).

La información suele aparecer en dos columnas, una con la cantidad de cada componente por cada 100 g o 100 ml de producto y otra con cada porción de producto. Este término, el de porción, lo determina el fabricante y puede o no reflejar adecuadamente la cantidad de ese producto, por eso resulta muy interesante contar con la información por 100 g o 100 ml de producto, dado que nos permitirá comparar entre productos en igualdad de condiciones.

Gracias a la presencia de esta tabla y la información que contiene, podemos sacar algunas conclusiones muy útiles en relación con los alimentos que compramos y consumimos. Por ejemplo, la cantidad de azúcares nos dará, junto con la lista de ingredientes, una idea muy clara de si el producto en cuestión está formulado con una alta proporción de azúcar añadido, de forma que se pueda distinguir entre hidratos de carbono que pueden ser deseables tal como los que integran la fibra alimentaria de aquellos que no darán ningún beneficio para la salud, como los azúcares simples. De forma similar ocurre con la proporción de grasas saturadas, que permitirá saber cómo de saludable puede ser la grasa contenida en un producto concreto. Entre otros, se pueden encontrar productos libres de aceite de palma, pero que están formulados con grasas vegetales que son incluso más ricas en grasas saturadas que dicho aceite de palma, como es el caso del de coco.

Declaraciones nutricionales

Se trata de una de las herramientas de *marketing* más utilizadas por la industria alimentaria, a veces de forma algo ambigua, incluso cuando cumplen con la legislación. Están permitidas para muchos de los componentes de los alimentos, siempre y cuando se encuentren en ellos en cantidades relativamente altas o bajas, dependiendo de si es un componente deseado o no. Por ejemplo, son declaraciones nutricionales "rico en fibra", "fuente de ácidos grasos omega-3", "sin azúcar", "bajo en sal", "bajo en calorías", entre muchísimas otras. Es decir, mandan mensajes de cuatro tipos: informan de la presencia de un nutriente en un alimento, de su ausencia, de un contenido reducido o de un contenido incrementado.

Son mensajes voluntarios, lo que quiere decir que no es estrictamente necesario ni obligado que se reflejen en el etiquetado de los alimentos. Sin embargo, sí que se especifica en la legislación en qué casos se pueden incluir y qué requisitos debe cumplir cada alimento para que este tipo de frases puedan formar parte del etiquetado[7]. El problema que podemos encontrarnos es que estas declaraciones suelen hacer referencia a un componente en concreto dentro de los alimentos, lo que no siempre implica que dicho alimento pueda ser considerado como saludable.

Un ejemplo muy claro de este tipo de problemas aparece en la figura 5. Esta reproducción de la etiqueta de un producto comercial muestra una declaración relacionada con el alto contenido de potasio presente en los dátiles. Se puede utilizar la mención nutricional "fuente de potasio", al igual que ocurre con otros minerales y vitaminas, cuando el alimento en cuestión sea capaz de aportar por cada 100 g/100 ml más del 15% de la cantidad diaria recomendada. En este sentido, la etiqueta de un envase de dátiles nos informa que 50 g de estos frutos contienen el 18% de los valores diarios recomendados de potasio, animando al consumidor a comprarlo especificando que "el potasio contribuye al funcionamiento normal del sistema nervioso". Sin embargo, si estudiamos la etiqueta con detalle, encontramos que 50 g de dátiles, además de una buena dosis de potasio, también contienen 31 g de azúcares. La Organización de las Naciones Unidas para la Alimentación y la Agricultura (FAO) recomienda no superar el consumo de 50 g de azúcares simples al día para una persona adulta; es decir, desde el punto de vista de la alimentación saludable, la ingesta de dátiles conlleva el consumo de grandes cantidades de azúcar nada recomendables. No obstante, este etiquetado cumple con la normativa, aunque puede dar lugar a conclusiones sesgadas.

Este es solo uno de los numerosísimos ejemplos que podemos encontrar en los productos comerciales. Como se puede deducir, a ojos del consumidor medio, este hecho puede dar lugar a muchas falsas creencias, al hacernos pensar que un alimento va a mejorar nuestra salud cuando nos fijamos en un solo componente. En realidad, si vemos el panorama completo, podremos deducir que no es así.

---

7. En este sentido, existen multitud de situaciones que se pueden encontrar en una base de datos de la Agencia Española de Seguridad Alimentaria y Nutrición (AESAN), en https://lc.cx/Vu9YWf.

Alegaciones saludables, un paso más allá

Muy relacionadas con las anteriores, podemos encontrar también alegaciones o declaraciones saludables. En este caso, se trata de relaciones entre los componentes presentes en un alimento con posibles efectos beneficiosos para la salud. De igual forma, estas alegaciones están legisladas y solo pueden emplearse aquellas aprobadas para un determinado componente o ingrediente. De hecho, existe un registro europeo donde las empresas alimentarias tienen que realizar las solicitudes para poder emplear declaraciones saludables, de forma que tiene que demostrar con suficiente evidencia científica la acción beneficiosa que quieren promocionar. En este sentido, es la EFSA el organismo encargado de revisar todas esas solicitudes y su evidencia científica relacionada y emitir una opinión científica al respecto, recomendando su aprobación o denegación. Precisamente, desde que este sistema está vigente, el número de solicitudes denegadas por no poder aportar evidencia científica suficiente para demostrar los potenciales beneficios para la salud que anuncian es muy elevado. Muchas de las alegaciones aprobadas se refieren a las actividades biológicas, muy conocidas, de las vitaminas y los minerales. Puesto que se conoce muy bien qué vitaminas y minerales son necesarios para determinadas funciones corporales, muchas veces estos componentes se utilizan para poder mostrar alegaciones saludables en el etiquetado.

A este respecto, encontramos en algunos tipos de productos lácteos bebibles la presencia de vitaminas D y B9, hierro y zinc para destacar que ayudan al sistema inmunitario, pero dando la idea de que estas actividades pueden deberse a la presencia de ciertos organismos probióticos. Realmente, las alegaciones se relacionan con las vitaminas y los minerales, aunque gracias al diseño del envase y su publicidad, el consumidor percibe otra cosa diferente.

Afortunadamente, la revisión científica a la que obliga la Unión Europea implica que las alegaciones aprobadas tengan un nivel de evidencia científica suficiente, de forma que, cuando veamos en un envase que los ácidos grasos omega-3 contribuyen a mantener una correcta presión arterial o que los esteroles vegetales presentes contribuyen a mantener unos niveles adecuados de colesterol en sangre, podemos estar tranquilos y confiar en que no hay un engaño detrás. A día de hoy, hay más de 265 alegaciones para la salud aprobadas. No obstante, hay que tener en cuenta que hay algunos componentes, como las vitaminas, que tienen varias alegaciones aprobadas. Por ejemplo, la vitamina B12 tiene ocho alegaciones diferentes aprobadas. Igualmente, hay alegaciones similares compartidas entre diferentes componentes.

Sistemas de puntuación nutricional

Como se puede deducir, leer e interpretar correctamente la etiqueta de un alimento de forma que podamos tomar decisiones de compra razonadas en función de nuestros intereses no es siempre sencillo. Por esta razón, para facilitar la tarea, se han intentado desarrollar sistemas de puntuación nutricional que, con un rápido vistazo, permitan valorar si el alimento o producto en cuestión es o no saludable, ya sea a través del etiquetado o mediante aplicaciones para móviles. Uno de estos sistemas, que se ha implantado recientemente en varios países de la Unión Europea, es el Nutri-Score. Aunque existen más sistemas de categorización de alimentos a través de herramientas de clasificación nutricional, nos vamos a referir aquí a todo lo relacionado con el Nutri-Score, por ser este el que ha seleccionado el Ministerio de Consumo para su incorporación en los productos alimentarios de venta en España.

El sistema Nutri-Score es el resultado simplificado que se ofrece tras aplicar un algoritmo que tiene en cuenta la composición de los alimentos, de forma que finalmente se obtiene una clasificación representada con una letra —de la A (verde, más saludable) a la E (rojo, menos saludable)— a modo de semáforo y de forma similar a como se viene haciendo desde hace años en la clasificación energética de los electro-domésticos, por ejemplo[8].

Nutri-Score nació en Francia, donde se implantó en 2017, y ha recibido varias actualizaciones desde entonces (la última, en 2023), a la vez que ha aumentado su implantación en países como Bélgica, Alemania o España. Aunque su desarrollo está basado en evidencias científicas, este sistema se ha ligado frecuentemente a la industria alimentaria, lo que ha despertado algunos recelos sobre su verdadera utilidad. Su funcionamiento se basa en asignar puntos a los productos, en los cuales la cantidad de energía, ácidos grasos saturados, azúcares y sal aumentan la puntuación del producto, mientras que la proporción de fibra, proteínas, frutas, vegetales, legumbres y aceites ricos en ácidos grasos monoinsaturados (almendra, colza y oliva) disminuyen la puntuación. Cuantos menos puntos sume un producto, mejor será su clasificación nutricional.

Este sistema está diseñado para valorar productos procesados y envasados, por lo que no se puede aplicar a productos frescos. Asimismo, las últimas modificaciones implementadas en el algoritmo que calcula la nota final hacen hincapié en que el sistema solo es válido para comparar productos de categorías similares, ya sean de la misma marca o diferente (por ejemplo, comparar entre diferentes zumos), además de para comparar productos que se consumen en idéntica ocasión (por ejemplo, postres o aperitivos). Lo malo es que, siguiendo el fundamento del algoritmo, las empresas alimentarias pueden reformular sus productos no saludables para que obtengan una mejor nota en el Nutri-Score sin que ello quiera decir que sean más saludables.

No obstante, y este es uno de los puntos débiles de este sistema, no permite evaluar globalmente si un alimento es más saludable que otro, lo que puede llevar a una percepción errónea por parte de los consumidores. Esto quiere decir que un producto con una nota superior puede ser mucho menos

---

8. Más información en https://lc.cx/n-dRPk.

saludable que otro con una nota peor siempre que este último se consuma de manera razonable. El ejemplo más claro es el del aceite de oliva: este obtiene una nota C en el Nutri-Score debido a su contenido en ácidos grasos monoinsaturados, dado que al ser un alimento 100% graso, sale perjudicado en su cálculo. Esto sucede a pesar de que su consumo en las cantidades adecuadas está muy recomendado y se ha visto como muy influyente para una buena salud según multitud de evidencias que ya hemos comentado anteriormente. Por tanto, podría suponerse que es un alimento saludable y que por ello merece una A.

En el caso contrario, un refresco sin azúcar puede llegar a tener una nota B, superior a la del aceite de oliva. No obstante, según todas las recomendaciones dietéticas actuales, este tipo de productos no se considera ni mucho menos saludable, incluso a pesar de que la ausencia de azúcar los catapulte en la clasificación. Sin embargo, el Nutri-Score sí permitiría diferenciar un popular refresco sin azúcar (de nota C) de su versión tradicional con grandes cantidades de azúcar (nota E), o el aceite de oliva (nota C) del aceite de coco (nota E). De manera similar, también podría dar una visión rápida de qué cereales de desayuno son más saludables o menos perjudiciales para la salud o qué yogur tiene un perfil nutricional mejor entre todos los disponibles en el supermercado. En cualquier caso, se debe recordar que este sistema solo es válido para comparar entre productos de la misma categoría.

Lo que sí queda manifiestamente claro es que, simplemente por la nota obtenida, este sistema no permite diferenciar alimentos saludables de los que no lo son, como se puede deducir de los ejemplos anteriores. De igual forma, hay que considerar que la clasificación abarca grandes nutrientes dentro de los alimentos. Sin embargo, la investigación actual está revelando la gran importancia que tienen algunos ingredientes minoritarios para la salud que no se tienen en cuenta a la hora de realizar las clasificaciones. Por tanto, se puede concluir que es un sistema útil en ciertas situaciones, pero que no es ni mucho menos el único parámetro que debería guiarnos a la hora de hacer la compra si lo que buscamos es una alimentación saludable. Además, los alimentos más saludables como las frutas, verduras, hortalizas, legumbres y otros alimentos no procesados en general, no tienen ninguna nota ni son valorados por el Nutri-Score. Quizás a estos tendrían que adjudicarles una nota A+++ (como a los electrodomésticos).

Fecha de caducidad o fecha de consumo preferente

Para finalizar este capítulo, vamos a abordar una vieja disyuntiva entre las fechas de consumo mostradas en los alimentos. Lo primero que hay que tener en cuenta es que, aunque a veces se utilizan indistintamente, estos dos términos no son equivalentes, por lo que se debe entender qué significan y qué implican. La fecha de caducidad es una fecha a partir de la cual el alimento podría no estar en condiciones de seguridad correctas, lo que haría que su consumo implicara riesgos para la salud, como una intoxicación. Se utiliza para marcar alimentos que tienen un potencial perecedero mayor, como puede ser la leche pasteurizada, llamada a menudo leche fresca, o hamburguesas envasadas u otros productos cárnicos similares.

Por otra parte, la fecha de consumo preferente es un valor que marca el tiempo en el cual el alimento se encontrará en condiciones óptimas, incluyendo sensoriales, pero sin implicar un riesgo para la salud inmediato. Es decir, un alimento con la fecha de consumo preferente sobrepasada puede no resultarnos agradable, pero no tiene por qué ser resultado de una contaminación microbiana. Un ejemplo puede ser el pan tostado o las galletas, que podrían estar correosas o no estar crujientes, pero cuyo consumo no implicaría ningún riesgo para la salud.

El ejemplo más notorio y conocido que alimenta los bulos más escuchados en cuanto a fechas de consumo es, sin duda, el yogur. Este es un alimento fermentado en el cual hay bacterias vivas en el momento de su venta, por eso se ha de conservar refrigerado, para preservarlas. Sin embargo, las condiciones ácidas de un yogur junto con la refrigeración a la que se mantienen hacen que, aunque esté elaborado con leche, no sea un alimento muy susceptible de contaminación. Por esta razón, desde hace años, se prefiere el uso de la fecha de consumo preferente en los yogures, sabiendo que a partir de dicha fecha puede perder consistencia, textura o no resultar igual de satisfactorio a nivel sensorial, pero considerando, también, que hay muy pocas posibilidades de que se haya deteriorado y contaminado y por ello cause un problema de salud.

Por tanto, la respuesta simple es que sí que podemos comer un yogur tras haber superado la fecha de consumo preferente, al igual que otros alimentos, como ya se ha visto. Aunque la respuesta más larga es que sí, pero aplicando el sentido común y evaluando que el aspecto, olor y sabor del yogur no es sospechoso de estar verdaderamente estropeado. El mismo sentido común que nos puede decir que no pasa nada por comer un yogur que ha estado correctamente refrigerado todo el tiempo, con fecha de consumo preferente de hace cuatro días, pero que no conviene hacerlo si la fecha fuera de hace dos meses, por mucho que haya estado escondido en la nevera todo ese tiempo.

Para recordar

- El orden de los ingredientes mostrados en la etiqueta es fundamental, puesto que están ordenados de mayor a menor cantidad.
- Se ha de prestar mucha atención a las alegaciones saludables de los envases y los posibles trucos comerciales que pueden encerrar.
- Nutri-Score permite comparar productos procesados similares, de la misma categoría y tipo de uso, pero no es válido para determinar qué alimentos son más o menos saludables globalmente.
- Es importante respetar la fecha de caducidad, puesto que se relaciona con la seguridad del alimento.

CAPÍTULO 7

Nuevas dietas, ¿mismos resultados?

Cada cierto tiempo aparece una dieta nueva con múltiples promesas: dietas para mejorar la salud, para sentirse mejor, para eliminar toxinas, etc., aunque las que más éxito tienen son aquellas que prometen pérdida de peso con facilidad y sin esfuerzo. La popularidad de las dietas de turno va cambiando con el tiempo, lo que habla mucho de la moda que hay detrás de ellas, así como de la eficacia que demuestran. A fin de cuentas, si una dieta de las denominadas "milagro" funcionara, no pasaría de moda ni sería reemplazada por otras.

Dietas para sentirse mejor

Una de las dietas más difundidas, que incide directamente en afirmaciones sin base científica es la dieta *detox*. La idea de este tipo de dietas es la supuesta necesidad de alimentarnos de forma que se puedan eliminar las toxinas presentes en el cuerpo. Normalmente, estas dietas se basan en la ingesta de vegetales, verduras y "superalimentos", término que no puede ser más erróneo y engañoso (Pérez, 2021), en forma de batidos, con el objeto de aumentar artificialmente la cantidad de nutrientes ingerida. Además, esta dieta suele aparecer tras cometer excesos alimentarios, típicos de periodos vacacionales o festivos. Sin embargo, no hay absolutamente ninguna evidencia científica de que este tipo de dietas pueda tener algún efecto beneficioso. Más bien al contrario.

Este efecto contrario se debe precisamente al propio funcionamiento del cuerpo. Con ayuda de un consumo de agua que proporcione unos niveles de hidratación adecuados, el cuerpo con buena salud tiene dos sistemas *detox* que funcionan a la perfección y que son verdaderamente los encargados de eliminar cualquier toxina o sustancia que pudiera ser perjudicial para el organismo: los riñones y el hígado. Una de las sustancias que pueden ser perjudiciales en ciertas condiciones es el ácido oxálico, que es un compuesto natural presente en pequeña cantidad en vegetales de hoja verde, como las espinacas. Cuando estos alimentos se consumen en cantidades similares a las que se pueden encontrar en una comida, esta sustancia es convenientemente procesada por el organismo sin suponer ninguna amenaza. Sin embargo, para la elaboración de zumos o batidos *detox* se utilizan grandes cantidades de vegetales, muy superiores a las que se pueden consumir regularmente en una comida, puesto que, para generar un litro de licuado de verduras de hoja verde, hará falta una grandísima cantidad de estas. De esta manera, la cantidad de ácido oxálico que se ingiere eventualmente puede resultar muy elevada, por lo que el ácido oxálico puede acumularse, aumentando el riesgo de formación de cálculos renales. Paradójicamente, la dieta *detox* puede acabar generando precisamente el efecto inverso, por lo que debería ser conocida como dieta *tox*. Además, como ocurre con otras dietas que promocionan un consumo de alimentos en estado líquido, tendrá otros efectos negativos en el organismo causados por la rápida ingesta de nutrientes y la falta de masticación. Por ejemplo, se ha visto que el efecto saciante es notablemente menor, mientras que el índice glucémico, es decir, el nivel de azúcar en sangre, aumenta más rápidamente al hacer los azúcares más fácilmente digeribles y disponibles si cabe.

Otra de las dietas que supuestamente repercuten en el bienestar y la salud es la conocida como dieta *raw*, que podría traducirse como 'crudívora'. Como su nombre indica, se fundamenta en el consumo de alimentos crudos o mínimamente cocinados, extendiendo la creencia de que el cocinado de los alimentos destruye los nutrientes que estos poseen y que, por tanto, es mucho mejor en el estado en el que se pueden encontrar en la naturaleza. Además, dadas estas características, existe una predilección por frutas, vegetales, semillas y frutos secos, aunque no se descarta también el consumo de alimentos de origen animal no cocinados ni sometidos a ningún tratamiento por calor (por ejemplo, pasteurización).

Teniendo en cuenta estas premisas, no es difícil enumerar diversos problemas que este tipo de dieta puede acarrear, algunos de gran importancia. El primero de ellos tiene que ver con la falsa creencia de que el cocinado puede destruir todos los nutrientes. Si bien puede suceder que, dependiendo de las condiciones de cocinado, algunos nutrientes y compuestos de interés se pierdan (vitaminas), esto puede prevenirse siguiendo unas pautas de cocinado apropiadas. Por ejemplo, cocinar al vapor causa menos pérdida de vitaminas que una cocción prolongada con mucha agua (Nieto, 2014). Pero, independientemente de esta pérdida, el cocinado permite modificar la estructura de los alimentos haciendo que sus nutrientes estén más disponibles para quien los consume, haciéndolos más fácilmente digeribles. Por lo tanto, a nivel global, el cocinado abre la puerta a más nutrientes de a los que se la cierra.

Asimismo, el consumo de alimentos crudos entraña el riesgo para la salud de que podrían no estar en condiciones sanitarias apropiadas. Mientras que el consumo de fruta pelada no supone riesgo alguno, el resto de verduras sí puede suponer un riesgo de contraer infecciones si no están cocinadas, además de la posibilidad de padecer trastornos intestinales ocasionados por los propios vegetales y por algunas de las sustancias presentes en ellos, que se pueden evitar mediante el cocinado. Este puede ser el caso del consumo de berenjenas crudas o de legumbres sin cocinar. Además, este riesgo se incrementa en muchísima mayor medida si se consumen productos de origen animal crudos o sin ningún procesado térmico, como huevos, leche o carne. En estos casos, el nivel de riesgo de cara a sufrir una intoxicación alimentaria es completamente inasumible.

Otra de las dietas de moda es la paleo o ancestral. Este tipo de dieta se basa en seguir un estilo de vida que trate de imitar al de nuestros ancestros miles de años atrás. Según sus seguidores, esta dieta elimina el consumo de alimentos ultraprocesados, harinas refinadas, azúcares y aceites vegetales refinados. En este caso, estamos ante una dieta mucho más flexible en la que no se elimina necesariamente ningún grupo de alimentos de entrada, aunque se evitan preferiblemente los cereales, las legumbres y los lácteos. Si tomamos una perspectiva amplia y se piensa en una dieta que evita los ultraprocesados, a la vez que promociona el consumo de verduras y frutas, no se puede negar que se avanza en cuanto a lo que se puede considerar saludable. El problema en este caso es la idea equivocada de que los cereales, sobre todo integrales, las legumbres y los lácteos pueden ser perjudiciales para la salud. Son de sobra conocidos los beneficios de la fibra para el sistema digestivo, así como la presencia de fibra en harinas integrales. Además, se conoce también la presencia de antinutrientes en las legumbres que pueden dificultar su digestión, pero que es posible eliminar casi completamente con el remojo y la cocción. Por lo tanto, no habría razón para excluir de la dieta este grupo de alimentos de origen vegetal tan valioso por su alto contenido en proteínas. En lo que se refiere a los lácteos, si bien puede discutirse que no sean imprescindibles en la dieta, su consumo adecuado en personas que no tienen problemas de intolerancias ni alergias está más que recomendado, especialmente los fermentados.

Dietas para adelgazar rápidamente

El sobrepeso y la obesidad son problemas de salud pública cada vez más frecuentes en nuestra sociedad, principalmente debido a nuestros hábitos de vida, que tienden a ser cada vez más sedentarios. Aunque no siempre reviste la misma gravedad o importancia, es relativamente frecuente encontrarse ante la necesidad de bajar de peso por prescripción médica. Además, no se puede dejar de lado la enorme presión social que existe hacia el "culto al cuerpo" y a tener una imagen perfecta, incluyendo, por supuesto, el peso y el cuerpo ideal. Estos aspectos inciden de manera directa en la aparición de dietas de adelgazamiento.

Aunque una persona que tenga una necesidad real de perder peso se habrá de enfrentar a una dieta específica, no nos vamos a referir aquí a aquellas prescritas por un dietista-nutricionista y cuya evolución necesita supervisión, sino al tipo de dietas que se ponen de moda y que las personas comienzan sin prescripción alguna.

La primera es la dieta disociada, llamada así porque en ella se separan los nutrientes principales para no comerlos simultáneamente. Es decir, se han de considerar alimentos ricos en proteínas y ricos en hidratos de carbono que no pueden consumirse de forma simultánea con el objetivo de mejorar la digestión, hacerla menos pesada y adelgazar. De esta forma, los alimentos se dividen en proteicos (carne, pescado, huevos y marisco), ricos en hidratos de carbono (patatas, cereales), neutros, que son aquellos en los que no predomina ninguno de estos grupos (vegetales y hortalizas en general) y los grasos (aceites y mantequilla). Sin embargo, el hecho de separar nutrientes para facilitar su digestión no tiene absolutamente ninguna base científica. Nuestro sistema digestivo posee enzimas, las proteínas encargadas de comenzar la digestión de los nutrientes, que son segregadas en el estómago y en el intestino, y que están preparadas para la digestión de hidratos de carbono, proteínas y grasas de forma simultánea. Igualmente, la mayoría de alimentos que se encuentran en la naturaleza tienen una proporción variable de los tres grupos de ingredientes, no solo uno de ellos. Incluso la leche materna es una mezcla de grasas, proteínas e hidratos de carbono.

El éxito eventual de este tipo de dietas no se encuentra en el hecho de separar los nutrientes y de disociarlos, sino en que generalmente ponen el foco en lo que se come, obligando a la persona que lo sigue a poner mucha atención en la cantidad de comida que ingiere, produciendo un déficit calórico respecto a la dieta anterior que conduce a una pérdida de peso, sobre todo en las fases iniciales.

Otra célebre dieta que comparte algunas características con la anterior es la dieta cetogénica o dieta *keto*, que se basa en limitar al máximo el consumo de hidratos de carbono. Esto implica no tomar azúcares, pero tampoco alimentos ricos en hidratos de carbono, como cereales o la mayoría de las verduras. En la práctica, esto significa que nunca se puede consumir pan, arroz, pasta ni nada que contenga harinas, además de patatas o zanahorias, etc. Otra característica de esta dieta es que se pone el foco en un alto consumo de grasas, muy superior al recomendado dentro de una dieta saludable, de forma que la mayor parte de las calorías totales ingeridas provienen de las grasas. Paradójicamente, y a diferencia de otras dietas de adelgazamiento famosas, esta dieta sí funciona, o al menos a corto-medio plazo. Y esto es así porque la restricción en el consumo de hidratos de carbono hace que se produzca un cambio significativo en el metabolismo: el cuerpo normalmente almacena energía a partir de los azúcares y otros hidratos de carbono de la dieta en forma de glucógeno, una molécula que sirve de almacén de energía para cuando es necesaria. Al no consumir hidratos, el cuerpo agota rápidamente estas reservas y al no encontrar nuevos azúcares en la dieta (recordemos que la dieta los prohíbe), pone en marcha mecanismos alternativos para encontrar esa energía, y lo hace a partir de las grasas. De esta forma, las grasas se convierten en la principal fuente de energía del cuerpo, produciendo un consumo de ellas mucho mayor al habitual; es decir, el cuerpo quema grasas.

No obstante, esta adaptación del metabolismo, que no tiene nada que ver con su funcionamiento normal, tiene un precio, pues durante esta quema indiscriminada de grasas se produce una situación de cetosis, caracterizada por la generación de cuerpos cetónicos, que se pueden utilizar como combustible energético y que se producen cuando se oxida la grasa en ausencia de carbohidratos. Estos son compuestos generados a partir de la degradación de las grasas, que se producen en gran cantidad durante le dieta cetogénica, pueden provocar dolores de cabeza, mareos o mal aliento, entre otros efectos secundarios. Además, esta dieta prescinde de algunos nutrientes muy interesantes por su propia naturaleza, como la fibra. Al evitar el consumo de alimentos ricos en hidratos de carbono, se evita igualmente el consumo de la mayor parte de la fibra que consumimos. La fibra sí es beneficiosa para la salud intestinal y está relacionada con una menor absorción de grasas y de colesterol, por ejemplo.

Aun asumiendo que estos efectos secundarios pudieran ser soportables a cambio de un cuerpo perfecto y casi libre de grasa, no está muy claro que seguir este tipo de dieta no implique problemas mayores a largo plazo. Y es que, aunque a corto y medio plazo se produce una pérdida de grasa corporal y, con ello, de peso, no se puede justificar su mantenimiento indefinido en el tiempo, lo que es un requisito imprescindible para poder mantener sus efectos. Al ser tan limitante en cuanto a lo que se puede comer y lo que no, es muy complicado generar un hábito duradero y que pueda ser mantenido en cualquier circunstancia. De esta forma, es muy frecuente que personas que han perdido peso relativamente rápido, ganen de nuevo todo lo perdido en los meses siguientes, en cuanto se sienten liberados de las restricciones que han ido acumulando.

El ayuno intermitente

El ayuno intermitente es muy popular entre las dietas de moda y en él se restringe el consumo de alimentos en momentos previamente fijados. Entre las variantes existentes hay algunas en las que no se puede comer durante un periodo de horas determinado al cabo del día, mientras que durante el resto se consumen alimentos con normalidad. Pueden ser ayunos de 12 horas seguidas y consumo de alimentos solo durante las 12 siguientes o ayunar en periodos de 16 horas y comer durante las ocho restantes, entre otros. Otras variantes mezclan ayunos diarios con un día de ayuno total a la semana o proponen comer de forma normal siempre, pero con dos días de ayuno total semanales o ayunar en días alternos. Aunque son muchas las posibilidades, todas tienen en común que, durante determinados intervalos de tiempo, prefijados y siempre constantes, se restringe de forma total el consumo de alimentos.

El origen de estas dietas está probablemente relacionado con estudios en los que se ha visto que una restricción calórica podría conducir a la activación de mecanismos celulares complejos que serían capaces de ralentizar fenómenos relacionados con el envejecimiento celular. Por ello, han comenzado multitud de estudios y ensayos con personas sometidas a diferentes tipos de ayuno intermitente para compararlas con aquellas que se alimentan de forma convencional. Aunque existen en la bibliografía científica ya muchos datos, prácticamente todos los estudios concluyen que no existe aún una evidencia científica suficiente, principalmente debido a la complejidad del tema estudiado, así como a la gran variabilidad de metodologías que se utilizan, lo que hace que muchos de los resultados publicados no sean comparables ente sí. Igualmente, en las observaciones intervienen numerosos factores, que prácticamente están siempre relacionados con la pérdida de peso, los niveles de glucosa en sangre o las enfermedades cardiovasculares, dado que otros componentes, además de la dieta, como el ejercicio físico u otros hábitos de las personas participantes, pueden enmascarar para bien o para mal los efectos de la propia dieta. En este caso en particular, además de los beneficios para la salud que el ayuno intermitente pudiera tener, no se ha visto un efecto positivo de cara a perder peso si se consumen las mismas calorías pero restringidas a un espacio de tiempo determinado. Sí que se han visto casos, sin embargo, en los que las personas que siguen esta dieta pierden peso, pero a causa de la reducción de ingesta calórica, no del plan de alimentación en sí.

En todo caso, es frecuente encontrar en los medios de comunicación declaraciones de famosos e incluso deportistas de élite alabando las bondades de este tipo de dieta y las ventajas que les ha supuesto para su vida u ocupación diaria. Este es precisamente uno de los problemas a los que nos enfrentamos a la hora de tomar decisiones razonadas y con evidencia científica, puesto que dichas personas son capaces de influir en la opinión pública. De hecho, todos tendemos a pensar que si un deportista de élite, en plena forma, saca partido del ayuno intermitente o de cualquier otro tipo de dieta, nosotros podríamos obtener idéntico beneficio. Sin embargo, cuando hablamos de evidencia científica, nos referimos a que algo ejerza un efecto global o al menos a un grupo muy amplio de personas con características similares. Que una persona obtenga beneficios no implica que el resto vaya a beneficiarse. Por tanto, no queda más que tener paciencia y esperar esa cantidad de nuevos estudios en cuanto al ayuno intermitente, sus efectos y su efectividad.

Entonces, ¿cuál es la mejor dieta?

Esta es la pregunta del millón y la respuesta en realidad no es tan difícil. La investigación en ciencias de la alimentación y en nutrición es compleja y avanza lentamente. Poder observar los efectos a largo plazo de un tipo de dieta en la población requiere de mucho tiempo o de estudios poblacionales que traten de reducirlo. Sin embargo, estos tienen sus limitaciones y frecuentemente no son capaces de demostrar una relación causa-efecto que, por otra parte, es imprescindible en el desarrollo científico. Además, prácticamente todos los parámetros que se relacionan con la alimentación y la salud están influidos por factores muy diferentes entre personas (genéticas, hábitos de vida, medioambiente), entre poblaciones e incluso entre culturas, haciendo que la situación se complique todavía más a la hora de llegar a conclusiones. Aun así, poco a poco se van conociendo más aspectos del metabolismo, de la influencia de los alimentos en la salud y de cómo estos se combinan con otros factores. Por ello, tenemos que estar abiertos a que en el futuro las recomendaciones dietéticas cambien de acuerdo con los nuevos conocimientos. La ciencia es de todo menos inmutable.

Mientras tanto, la respuesta será que lo mejor para la salud es una dieta equilibrada con predominio de frutas, verduras y rica en otros alimentos de origen vegetal en general (legumbres, aceite de oliva), así como que limite el consumo de carnes y pescados, y, sobre todo, que evite en lo posible el consumo de alimentos ultraprocesados y dulces. Hay que tener en cuenta además que cualquier mejoría vendrá con el tiempo. De nada sirve utilizar una dieta para bajar de peso rápidamente si en poco tiempo vamos a recuperarlo por el propio efecto rebote. Alimentarse bien es una cuestión de hábitos que se tienen que mantener para siempre. Por lo tanto, la primera pregunta que cualquiera debería hacerse antes de empezar una dieta nueva es si podrá mantenerla el resto de su vida.

Para recordar

- Las dietas que excluyen componentes de la dieta son, por propia definición, inadecuadas para obtener una alimentación equilibrada.
- Algunas dietas que funcionan a corto-medio plazo, como la cetogénica, pueden implicar riesgos colaterales para la salud.
- Aunque hay algunos indicios que podrían indicar que el ayuno intermitente puede ser positivo para la salud, la evidencia científica actual no es suficientemente fuerte para poderlo afirmar.
- El efecto positivo sobre la salud solo se obtiene a largo plazo, por lo que hay que generar hábitos saludables que se sostengan en el tiempo.

CAPÍTULO 8

La alimentación del futuro

La alimentación del futuro engloba multitud de investigaciones que se están llevando a cabo en diferentes campos, desde la agricultura a la biotecnología, pasando por ejemplo por el desarrollo de envases inteligentes, lo que hace que el ritmo de nuevos avances en este campo sea muy rápido.

Este tipo de alimentación se ha visto representada en películas y libros de ciencia ficción o futuristas, lo que ha contribuido a generar una idea de qué podemos esperar en el futuro. Seguramente a nadie le extrañe que en el futuro la gente se alimente de pastillas o consuma comida similar a la de los astronautas. Desde un punto de vista puramente nutricional, e incluso persiguiendo el objetivo de utilizar los alimentos como herramienta para la prevención de enfermedades, este tipo de alimentación tendría todo el sentido. Sin embargo, la alimentación también es un acto social en sí mismo que implica en la práctica una experiencia placentera y no solo el mero acto de nutrirse, por lo que ese futuro que dibuja la ciencia ficción está, en caso de llegar, más lejos de lo que pueda parecer.

Pero ¿por qué la alimentación del futuro tiene que ser diferente? Existen dos razones de peso por las cuales se puede deducir que existirá un cambio tanto en los alimentos que habrá disponibles como en la manera de alimentarse. La primera es el aumento de la población mundial. Aunque las cifras pueden oscilar, lo que todas las proyecciones aseguran es que la población mundial seguirá aumentando irremediablemente en las próximas décadas a un ritmo muy elevado, llegando a alcanzar los 9700 millones de personas en el año 2050, de acuerdo con las Naciones Unidas. Esto provocará que la demanda de alimentos aumente y, por tanto, habrá que encontrar nuevos recursos y aumentar la producción alimentaria a escala global. La segunda razón de peso es medioambiental. Nuevamente, se estima que la producción de alimentos actual a nivel mundial es la responsable de más del 30% de las emisiones de gases de efecto invernadero, por lo que si la producción aumenta, las emisiones también lo harán.

En este sentido, la producción de alimentos, como cualquier otra actividad productiva, está buscando medios para poder conseguir idénticos, o incluso mejores, resultados en términos de producción, pero reduciendo significativamente las emisiones y el efecto sobre el medioambiente que dicha producción conlleva. Las evidencias científicas que señalan a la actividad humana como responsable del cambio climático son cada vez más abrumadoras. Por esta razón, el desarrollo de una producción alimentaria más sostenible está en el centro de multitud de investigaciones y programas internacionales.

El panorama actual está fuertemente marcado por el uso de técnicas de agricultura y de ganadería intensivas. Estas técnicas se utilizan para maximizar los rendimientos, ya sea de las tierras de cultivo o de los animales de cría, y permiten que contemos en la actualidad con alimentos en relativa abundancia y a precios contenidos. Por una parte, la agricultura se beneficia del uso de tierras de cultivo muy extensas, a expensas en ocasiones de terrenos forestales, así como del uso de pesticidas, fertilizantes y uso de cultivos de alto rendimiento, que ofrecen como resultado una alta producción. En cuanto a la ganadería, si la población mundial nos parece elevada, nada iguala a la población mundial de ganado. Según la FAO, se calcula que existen en el mundo aproximadamente 25 000 millones de pollos, 1500 millones de cabezas de vacuno, 1000 millones de cerdos, 1500 millones de cabras y ovejas, y otros

1200 millones de pavos. La mayoría de estos animales se están criando en explotaciones industriales que limitan su movimiento y su espacio, a la vez que se combinan con piensos de engorde rápido para aumentar la producción de carne.

En ambos casos, claramente, pueden encontrarse problemas medioambientales como la contaminación de aguas, el agotamiento de suelos o la generación de residuos contaminantes, por mencionar solo algunos. Para intentar solventar estos problemas, se ha propuesto el uso de técnicas de producción ecológica, más orientadas al mantenimiento del entorno y al respeto al medioambiente, aunque en este sentido existen muchos matices (Tuomisto *et al.*, 2012). En cualquier caso, en principio, la adopción de estos métodos productivos sí permitiría mejorar el impacto de la agricultura y la ganadería sobre el medioambiente. Sin embargo, este tipo de alimentos son más caros de producir y la propia producción es significativamente menor, lo que implica que los alimentos finales sean más caros para el consumidor. Además, este sistema permitiría tener una incidencia positiva sobre uno de los dos problemas mencionados, el medioambiente, pero tendría un efecto negativo sobre el otro, la producción. De hecho, de acuerdo con la mayoría de los estudios, se necesitarían más tierras de cultivo y más materiales y recursos para obtener una producción similar, lo que hace que, en la práctica, la producción ecológica por sí misma no sea capaz de responder a los retos a los que se enfrenta la humanidad.

Aunque ambos aspectos son posiblemente los retos más acuciantes, no se puede dejar de lado otro que se considera imprescindible para imaginar los alimentos del futuro: la salud. Es un hecho ya interiorizado la relación entre los alimentos y la influencia de estos sobre la salud. De acuerdo con ello, y respondiendo a las demandas y preferencias de los consumidores, en la actualidad existe una clara evolución hacia el desarrollo de alimentos cada vez más saludables. Por tanto, la alimentación del futuro será una combinación entre productos saludables, medioambientalmente sostenibles y eficientes en términos productivos.

Fuentes alternativas de proteínas

¿Por qué cuando se habla de buscar nuevas fuentes de alimentos se dice que hay que buscar nuevas fuentes de proteína? Esto sucede porque, entre los componentes mayoritarios de los alimentos, es decir, hidratos de carbono, grasas y proteínas, estas últimas se consideran los nutrientes principales de la dieta o, al menos, los más limitantes. Una persona media necesita consumir al día entre el 12 y 15% de las calorías totales en forma de proteínas. Con un cálculo aproximado, esto significa que deberíamos consumir entre 0,8 y 1 g de proteína por cada kilo de peso corporal —conviene remarcar en este punto que no todas las proteínas son iguales—. En nutrición, el término de calidad proteica hace referencia a cómo de digerible es una proteína y qué clase de aminoácidos proporciona. Hay que recordar que las proteínas están compuestas por aminoácidos, que son los ladrillos que las forman. Pero cuando estas se ingieren, su digestión en el cuerpo descompone toda la estructura proteica de forma que esos ladrillos quedan libres. El cuerpo los utiliza posteriormente para formar con ellos sus propias proteínas, de acuerdo con las necesidades concretas del metabolismo en cada momento. De esta manera, es posible clasificar las proteínas por su composición en aminoácidos y, en concreto, por su composición en aminoácidos esenciales, que son aquellos que solo podemos conseguir a través de la dieta. En ese sentido, las proteínas de más alta calidad son las de los huevos, carne, pescado, mariscos y lácteos, mientras que las legumbres, los cereales integrales y los frutos secos aportan proteínas de calidad media. Por su parte, las proteínas presentes en frutas, verduras y hortalizas, además de estarlo en baja cantidad, son deficientes en varios de esos aminoácidos esenciales, por lo que se consideran de baja calidad. Estas consideraciones tienen que tenerse en cuenta, por tanto, a la hora de calcular qué proteínas y en qué cantidad necesitaremos en el mundo globalmente.

A causa de que la producción de proteína en forma de carne es muy ineficiente, se están poniendo en práctica algunos métodos para conseguir este alimento desligándolo de la ganadería. De hecho, los animales transforman muy poca cantidad del alimento que ingieren en proteína, por lo que hace falta mucha energía y muchos recursos para producir carne, por lo que resulta inviable aumentar significativamente la producción de carne a nivel mundial. Una alternativa es el desarrollo de la llamada carne cultivada, que se obtiene mediante el cultivo en laboratorio de células musculares de animales, que son aquellas que conforman la carne, para obtener tejidos similares sin tener que criar animales. Se calcula que estos sistemas, basados en el uso de grandes fermentadores, podrían producir esta carne emitiendo un 80% menos de gases de efecto invernadero, utilizando un 99% menos de suelo, un 96% menos de agua, mientras que el valor nutricional seguiría siendo 100% igual.

Como se puede deducir de estas cifras, su potencial es enorme, aunque todavía es una tecnología relativamente inmadura que conlleva un alto coste para producir las células. Además, aún se deben solventar problemas de tipo sensorial, puesto que un tejido conformado totalmente por células musculares no es igual que un filete, que contiene también células grasas y una textura característica. Por estas razones, los tipos de producto más similares son los que se basan en carne picada, como hamburguesas, ya que en ellos no se utiliza un tejido compacto, como sería el caso de una chuleta. Igualmente, no podemos dejar de lado el grandísimo salto cultural que implica comer un producto desarrollado y producido en un laboratorio o en una planta productora en lugar de provenir de un animal. Este último punto es de importancia crítica para que la percepción de los consumidores mejore y este tipo de carne se acepte. En este sentido, Singapur fue el primer país que aprobó para consumo humano la venta de carne cultivada. A mediados de 2023 se autorizó también la venta de carne de pollo cultivada en ciertos restaurantes de Estados Unidos. Es esperable que poco a poco se vea una expansión de este tipo de productos cuando la tecnología los haga más accesibles. Incluso podrían ser de mucho interés para personas veganas, que rechazan el consumo de animales por causas éticas, dado que, en este caso, no existe la necesidad de sacrificar animales.

Otra de las alternativas que se está desarrollando con fuerza hoy en día tiene que ver también con el uso de fermentadores. En este caso, se trata de tecnologías de fermentación de precisión. Estas técnicas no son estrictamente nuevas, dado que se llevan utilizando durante años para el desarrollo de fármacos como la insulina, pero en los últimos años su desarrollo en el sector alimentario sí está cogiendo fuerza. La característica más notable de esta tecnología, como ocurría con la carne cultivada, es que permite producir proteínas sin requerir el uso de animales. En este caso, no se trata de producir células y tejidos, sino solo las proteínas que están contenidas en ellos de forma natural. Un ejemplo sería la producción de proteínas de leche para elaborar queso sin tener que partir de la leche real, o la producción de proteínas de huevo para sustituirlo como ingrediente en otros productos.

Para generar estas proteínas se utilizan microorganismos convenientemente modificados genéticamente de forma que durante su crecimiento producen grandes cantidades de las proteínas que interesan. Esta producción dentro de un ambiente controlado permite una producción sostenible, comparada con la animal. Además, esta tecnología permitiría incluso reducir el desperdicio alimentario, dado que se pueden utilizar residuos ya sin interés para alimentar las bacterias y poder generar nuevas proteínas. En la actualidad, existen multitud de proyectos y empresas que están explorando esta vía para la producción de alimentos en un futuro relativamente cercano.

El *boom* de los insectos

A las fuentes de proteína anteriores se le suman otras más conocidas, como son el uso de legumbres para generar productos vegetales análogos a la carne (*plant-based*), insectos, microalgas o incluso proteínas procedentes de hongos (microproteínas). Entre ellas, los insectos despiertan mucho interés, interrogantes y rechazo a partes iguales. Tradicionalmente, en diferentes regiones en el mundo los insectos son parte de la alimentación. Sin embargo, en la nuestra es reciente el foco en este grupo de animales. En concreto, los insectos han atraído un gran interés, puesto que son fuentes muy ricas en proteínas. Su contenido en grasa es, además, bajo, por lo que contienen un perfil nutricional que puede ser, en muchos casos, bastante positivo. Dado que se pueden criar en condiciones muy variables, con una utilización de suelo y de recursos muy baja, y que pueden alimentarse incluso con desechos de la industria alimentaria, su producción podría ser muy útil para dar respuesta a algunos de los retos a los que se enfrenta la alimentación en el futuro. Sin embargo, es difícil pensar que podamos estar comiendo insectos en el futuro cercano, debido al salto cultural que implicaría su uso, que hace que no solo su consumo genere un fuerte rechazo, sino que incluso su manipulación o el hecho de contemplarlos puedan resultar muy desagradable para algunas personas.

Actualmente, existen cuatro especies de insectos que ya se han aprobado para su producción y uso como alimento dentro de la Unión Europea (larvas de *Tenebrio molitor*, gusano de la harina; *Locusta migratoria*, langosta migratoria; *Acheta domesticus*, grillo doméstico; y *Alphitobius diaperinus*, escarabajo del estiércol); hay muchas más solicitudes actualmente en estudio, que harán que la lista de insectos disponibles crezca aún más en un plazo de tiempo no muy lejano. No obstante, no hay que pensar solo en el consumo de insectos intactos, sino en el empleo de estos animales como ingredientes en otros productos. Esta utilización, donde el insecto es invisible para el consumidor final, puede tener mucho más éxito comercial y puede responder a las demandas de los consumidores y a las necesidades de la industria simultáneamente. Por ejemplo, ya se pueden utilizar harinas de insectos para elaborar determinados productos alimentarios.

En todos los casos, ya sean proteínas vegetales, de microalgas, o micoproteínas, se suelen proponer concentrados de proteínas de estas fuentes para tratarlas y hacerlas aptas para el desarrollo de nuevos productos. Existen multitud de alimentos vegetales análogos a los derivados de animales (no solo cárnicos, sino también lácteos como análogos de queso) ya en el mercado. Estos productos pueden parecer similares a los que imitan, aunque hay que señalar que, en el fondo, suelen ser alimentos ultraprocesados, dado que hace falta una formulación muy precisa y la utilización de muchos ingredientes y procesos para lograr resultados que sean satisfactorios desde el punto de vista sensorial. Por eso, desde el punto de vista de la nutrición, sería más interesante consumir proteínas a partir de estas fuentes en forma de nuevos productos específicos en lugar de recurrir productos análogos ultraprocesados.

Lo que parece evidente es que todas estas fuentes mencionadas continuarán con su desarrollo y evolución en el futuro, por lo que cada vez será más frecuente encontrar productos alimentarios derivados. Por ejemplo, las reticencias de los consumidores hacia la carne cultivada pueden verse salvadas si su precio final cae y el de los productos tradicionales sube significativamente, como algunas proyecciones indican. No será un cambio brusco, sino, muy probablemente, una transición en la cual convivirán muchos tipos de alimentos a la vez.

Nuevos modelos alimentarios

En paralelo a la búsqueda de nuevos alimentos, en el futuro veremos modificarse la manera en la que nos alimentamos; en este sentido, la nutrición personalizada será tendencia. Ya se está estudiando cómo los genes interaccionan con los alimentos y viceversa, es decir, cómo lo que comemos afecta a nuestro cuerpo y cómo este responde. Esta rama de la ciencia se denomina genómica nutricional. Aunque es un campo de mucho interés, su aplicación final está aún lejana, puesto que las interacciones son muy complejas y muy variables de persona a persona. Por eso, es necesario poder tener un conocimiento preciso de tipo genético y de nutrición de forma que sepamos a ciencia cierta cómo se modulan mutuamente estos aspectos, pues una misma dieta no produce los mismos efectos en todas las personas; muy al contrario, dependiendo de nuestra información genética, nuestro cuerpo podrá responder de forma diferente a los mismos nutrientes a través de nuestro metabolismo. Puede ser el caso, por ejemplo, de dos hermanos de edad parecida que se alimentan exactamente igual y en el que uno de ellos tenga sobrepeso y el otro no, o que tengan diferentes niveles de colesterol, o cualquier otro parámetro. Y es que, pese a ser hermanos y alimentarse igual, sus metabolismos se pueden comportar de forma muy diferente.

El punto final de desarrollo de esta genómica nutricional es poder tener conocimiento de cómo prevenir enfermedades no transmisibles, como por ejemplo la diabetes tipo 2, el cáncer, las enfermedades cardiovasculares o las neurodegenerativas. De esta forma, en el futuro, las personas podrán alimentarse de forma precisa en función de su genética y hábitos de vida, de tal manera que se disminuya la probabilidad de desarrollar este tipo de enfermedades. Por tanto, cada individuo podrá comer estrictamente lo que necesita para este fin.

No obstante, es importante recalcar que ese conocimiento profundo e inequívoco que se requiere todavía no está disponible, ni siquiera se espera que lo esté a corto-medio plazo. Hace falta más información de cómo los nutrientes se relacionan con los genes, además de cómo se estructuran y funcionan esos genes y cómo estas asociaciones cambian de persona a persona, e incluso su relación con las bacterias del intestino. Por ello, conviene desconfiar de los test genéticos alimentarios y de intolerancias, dado que no tienen una base científica lo suficientemente fuerte. Su resultado puede ser totalmente equívoco y ofrecer recomendaciones nada beneficiosas.

Alimentos tecnológicos

Paralelamente a todo lo anterior, existe un desarrollo tecnológico aplicado a los alimentos, que puede desembocar en cambios y mejoras que modifiquen nuestra alimentación. Uno de estos campos en desarrollo es el de los envases. Se espera que en el futuro se existan nuevos sistemas de envases que permitan mejorar la calidad de los alimentos hasta el momento de su consumo, así como reducir su impacto medioambiental reduciendo el uso de plásticos y promocionando el empleo de materiales biodegradables o, incluso, comestibles. La posibilidad de sustituir los plásticos convencionales por nuevos materiales compuestos por sustancias naturales biodegradables está aún lejana, aunque existe un gran potencial en el estudio de nuevos materiales.

El problema es que los plásticos convencionales son un medio muy eficaz para la protección del alimento frente a daños mecánicos o contaminantes externos. No obstante, aunque todavía no haya aplicaciones comerciales comparables, no cabe duda de que la industria alimentaria del futuro tenderá a minimizar o eliminar por completo el uso de dichos plásticos en favor de nuevos materiales avanzados.

Además, resulta muy interesante la combinación de estos materiales con nuevas tecnologías basadas en etiquetas y sensores inteligentes, que ya se están comenzando a implementar. Estos nuevos dispositivos pueden mostrar en tiempo real el estado de conservación del alimento contenido en el envase, de forma que se pueda tener certeza, en el momento de la compra, de que el alimento está en condiciones óptimas. Dicho de otro modo, estos sensores, que continuarán desarrollándose en el futuro, permitirán disminuir las posibilidades de que ocurran fenómenos de intoxicaciones, dado que detectarán el deterioro de los alimentos desde el comienzo.

Otra idea muy novedosa es que estos etiquetados inteligentes incorporen medios para poder mejorar la trazabilidad de los alimentos, entre ellos, a través de geolocalización. Las etiquetas podrían registrar datos como la localización, la temperatura o la humedad a las que ha estado sometido el alimento, de forma que, como consumidores, podamos saber dónde se ha producido el alimento, cuál ha sido su camino hasta el supermercado, así como tener certeza de que ha estado conservado en condiciones apropiadas de temperatura y humedad.

Otros campos donde la tecnología puede hacer aportes muy relevantes en el futuro son en la propia fabricación y cultivo de los alimentos. Ya se están investigando procesos de impresión 3D de alimentos. Por ejemplo, se trata de recrear un filete a partir de fuentes de proteína alternativa de manera que los consumidores puedan contar con un alimento vegetal similar a uno cárnico. Esta tecnología también se está partiendo directamente de las células musculares en el caso de la carne cultivada, como ya hemos comentado.

En cuanto al cultivo de alimentos, existen ya modelos de granjas verticales en las cuales se hace una producción de vegetales independiente del terreno de cultivo en el campo. Estas instalaciones se basan en el cultivo en condiciones de hidroponía o utilizando pequeñas cantidades de tierra, en forma de "estanterías" apiladas que pueden situarse incluso en las ciudades. La agricultura vertical tiene la ventaja de que, al desarrollarse en un espacio cerrado, las condiciones de cultivo pueden controlarse mucho mejor que en el exterior, haciendo que el crecimiento de los vegetales se optimice y reduciendo la posibilidad de que existan plagas, con la consiguiente reducción de uso de pesticidas. Además, al poder encontrarse más cerca de los núcleos urbanos, el impacto del transporte se reduce significativamente. Aunque prometedora, esta tecnología necesita todavía mucho desarrollo, puesto que no depender del campo y del sol significa inevitablemente depender de la luz eléctrica, con el consiguiente gasto energético y el impacto medioambiental.

Para recordar

- El objetivo de la alimentación del futuro es que sea más sana y respetuosa con el medioambiente.
- Hacen falta nuevas fuentes de proteínas para poder alimentar a la creciente población mundial.
- El futuro es la nutrición personalizada: cada uno comerá lo que necesite para tener una mejor salud.

CAPÍTULO 9

Muchos bulos, poca evidencia

A lo largo de este capítulo se van a abordar de forma breve, pero razonada, algunos de los bulos más comúnmente extendidos en lo que se refiere a alimentación. Se trata de puntos muy específicos que no están incluidos en ningún tema más extenso, pero cuya perspectiva científica puede ser de mucho interés.

Beber vinagre ayuda a bajar el azúcar

Esta creencia ha cogido fuerza en los últimos años. En concreto, se basa en que beber una buena cantidad de vinagre antes de las comidas ayuda a que no suban los niveles de azúcar en sangre. En este caso estamos ante una media verdad. Hay algunos estudios científicos que han constatado que el consumo aproximado de dos cucharas soperas de vinagre antes de una comida es capaz de reducir el pico de glucosa en sangre inmediatamente posterior a la comida, siempre y cuando esta contenga hidratos de carbono complejos. No ocurre igual si se trata de azúcares simples, caso en que no funcionaría (Santos *et al.*, 2019).

El mecanismo de acción principal parece estar relacionado con un efecto de inhibición de las enzimas que se encuentran en la saliva y que ayudan a digerir los hidratos de carbono complejos y transformarlos en pequeñas unidades de azúcares. De esta forma, se ralentizaría la digestión de los carbohidratos, evitando que los niveles de glucosa en sangre aumenten rápidamente.

Ahora, tras la evidencia puramente científica, es el momento de matizar estas observaciones. Pueden darse dos grupos de personas: las que tienen que controlar sus niveles de azúcar y controlar que la glucosa no aumente en sangre de forma descontrolada (por ejemplo, diabéticos tipo 2) y aquellas personas que no tienen ningún problema de control de azúcar en sangre. Para estos últimos, el consumo de carbohidratos complejos no supone ningún problema, dado que su organismo es capaz de amortiguar correctamente los niveles de glucosa provenientes de la comida gracias a la insulina. Por tanto, consumir vinagre para este fin no tiene ningún sentido. Por otra parte, los diabéticos deben controlar su alimentación para evitar estas subidas de glucosa en sangre. Sin embargo, hay herramientas mucho más eficaces para lograrlo que el consumo de vinagre, que se basan en llevar una alimentación más saludable, consumiendo alimentos ricos en fibras.

En cualquier caso, el vinagre no impediría la subida de los niveles de azúcar en sangre tras consumir, por ejemplo, un refresco rico en azúcar, o un bollo, por lo que su utilidad es nula en la práctica.

La cerveza es la mejor bebida para hidratarnos después de hacer ejercicio

Está muy extendido que después de realizar ejercicio no hay nada mejor que una buena cerveza fría para hidratarnos de nuevo y compensar esas pérdidas de líquido. Esta creencia debería verse más como un deseo que como una verdad. La cerveza contiene típicamente un 5-6% de su volumen en forma de alcohol. Y el alcohol es una sustancia que promueve precisamente la deshidratación en el cuerpo. A través de la inhibición de la acción de una hormona, el alcohol ejerce un marcado efecto diurético, aumentando significativamente la necesidad de orinar, como muchos amantes de la cerveza reconocerán, y precisamente esto provoca que el cuerpo no pueda rehidratarse de forma correcta, dado que la pérdida de líquidos continúa. Por ello, se puede afirmar que la cerveza no ayuda a que el organismo se recupere tras un esfuerzo intenso. En el caso de consumir cerveza sin alcohol 0,0%, sí que podríamos estar logrando esta rehidratación, aunque tampoco se considera que la cerveza sin alcohol sea el mejor medio para lograr reponerse.

La fruta, consumida al final de la comida, fermenta

Se ha oído en múltiples ocasiones que la fruta es muy sana si se come antes de la comida o a mitad del día pero que tomada como postre fermenta e incluso engorda. Se entiende que la fermentación de un alimento es un proceso que llevan a cabo microorganismos capaces de transformar sus componentes, generalmente los azúcares, en otras sustancias para, por el camino, obtener energía para su propio crecimiento. Como resultado de las fermentaciones alimentarias se obtiene, por ejemplo, alcohol, como en el caso del vino; ácido acético, como en el caso del vinagre, o dióxido de carbono, como en el caso del pan o la cerveza. Por tanto, un proceso de fermentación como estos no puede tener lugar en el estómago, dadas sus condiciones de acidez. Además, durante la digestión todos los alimentos se mezclan en el estómago, haciendo que no haya mucha diferencia entre si la fruta llega antes que el resto o justo después.

En cuanto al hecho de que engorda, lo hace en la medida de las calorías que tenga, como cualquier otro alimento. Y tendrá el mismo aporte calórico sea cuando sea su consumo. Sin embargo, lo que sí podemos recordar es que tomar fruta es una de las opciones más saludables en cualquier momento del día, dado que su composición se considera muy rica en todos los nutrientes deseables. Incluso cuando una fruta determinada tiene mucho azúcar, su consumo es totalmente recomendable en circunstancias normales, dado que ese azúcar vendrá acompañado de numerosos nutrientes, como vitaminas o fibra, al contrario de cuando se consume un dulce con la cantidad de azúcar equivalente.

La miga de pan engorda más que la corteza

Para hacer pan hay que utilizar harina, agua, sal y levadura. Estos ingredientes básicos se mezclan y se forma una masa, que tras fermentar, se mete en el horno; al sacarla, esta se habrá transformado en pan. Como resultado del calentamiento de la masa dentro del horno a altas temperaturas se produce una evaporación del agua de la masa, que es mucho más acusada en la superficie. Por esta razón, la superficie queda más tostada y se endurece, formando la corteza, mientras que el interior queda con una proporción mayor de agua, resultando la parte de la miga, mucho más esponjosa y aireada. Por lo tanto, la masa que ha entrado al horno tiene exactamente la misma composición tanto en la superficie como en el centro.

Al tener menos agua, los componentes de la harina, básicamente hidratos de carbono, se encuentran más concentrados en la corteza, por lo que, a igualdad de peso entre la corteza y la miga, habrá una concentración de calorías mayor en la corteza. Es decir, engorda más la corteza, al contrario de lo que se piensa. Además, el hecho de que la miga sea menos densa hace que el volumen de miga necesario para igualar el peso de la corteza sea también mucho mayor. Este fenómeno también ocurre con el pan tostado. Este tipo de pan, en todas sus formas, como tostadas, colines, picos y similares, ha perdido mucha más agua como resultado de la aplicación de calor, lo que hace que sean crujientes y que no se deterioren tan rápidamente. Sin embargo, esto también implica que a igualdad de peso el pan tostado engorde más. Es decir, mientras que 100 g de pan aporta de promedio unas 260 kcal, 100 g de pan tostado llegan casi a las 400 kcal.

Las vitaminas del zumo de naranja se pierden si no se bebe rápidamente

Los bulos sobre las vitaminas no son recientes, sobre todo sobre la vitamina C, de la que dice que se pierde en el zumo si no se bebe inmediatamente. En este caso nos estamos refiriendo a zumo recién exprimido. La vitamina C que se encuentra en las naranjas pasa a quedar disuelta en el zumo cuando este se exprime. Sin embargo, se ha demostrado en numerosas ocasiones que esta vitamina permanece estable en el zumo durante un buen número de horas, o incluso días, si se encuentra refrigerado.

Por otro lado, la presencia de vitamina C se ha relacionado con su supuesta propiedad de prevenir o mejorar resfriados. Tanto es así, que se incluye como ingrediente en numerosos productos y preparados farmacéuticos antigripales. Sin embargo, no hay una evidencia científica suficiente que respalde esta actividad, ni siquiera cuando se suplementa su consumo (Hemilä y Chalker, 2013). La vitamina C, al igual que el resto de vitaminas, es una sustancia imprescindible para el organismo que ingerimos con la comida, puesto que nuestro organismo no es capaz de fabricarla. No obstante, tomarla en exceso no provoca ningún efecto mayor, sino que el organismo la elimina. Si a esto le sumamos que llegar a la cantidad mínima de vitamina C es realmente fácil al estar presente en muchos alimentos, no debería existir una preocupación real por llegar al mínimo recomendado para tener que recurrir a complementos o suplementos vitamínicos.

No se puede tomar zumo después de la leche porque esta se corta

Otra creencia muy extendida es que no se debe beber leche a la vez que zumo de naranja, porque la leche entonces se cortará. Que la leche se "corte" es un efecto que tiene lugar cuando se le añade alguna sustancia ácida, de forma que las proteínas que contiene se desestabilizan y cambian de forma, aglomerándose y dejando de estar perfectamente disueltas en la leche. Como resultado, la leche se transforma en un líquido más pálido con muchos y pequeños grumos en disolución. El ácido característico del zumo de naranja, o de otros cítricos, es suficiente para provocar este efecto y de ahí la idea de que si se toma leche y zumo casi al mismo tiempo se cortará en el estómago.

Lo primero que hay que aclarar es que el efecto de leche cortada puede parecernos desagradable, pero no implica que la leche esté en mal estado. De hecho, su consumo inmediato no revestiría ningún problema para la salud. Pero, además, hay que tener en cuenta que las condiciones del estómago son mucho más ácidas que las que puede aportar cualquier zumo cítrico. Por tanto, la leche, al beberla, se cortará en el mismo momento en el que llegue al estómago, se tome o no zumo antes o después.

El azúcar blanco es dañino porque se le añade cal. ¿Es mejor el azúcar moreno integral?

Este mito está muy relacionado con la demonización del azúcar refinado, el azúcar blanco común, por aquellos que defienden otros azúcares supuestamente más saludables (no lo son), como el azúcar moreno integral o la panela, entre otros.

En España, en el proceso de fabricación (realmente, extracción) del azúcar se parte de la remolacha azucarera, que se extrae con agua caliente para obtener un primer jugo rico en azúcar, que se depura para eliminar lo que no es azúcar. Dentro de este proceso de depuración se utiliza hidróxido de calcio (cal hidratada) para aglutinar todos los componentes que no son azucarados que precipitan y quedan atrapados en un proceso de filtración. Esto hace que el jugo posterior sea aún más rico en azúcar, aunque aún contiene más del 80% de agua. A continuación, se pasa por los procesos de concentración y de cristalización para obtener el azúcar final, que adquiere el color blanco. De ahí la falsa creencia de que el azúcar lleva cal.

Realmente, el azúcar blanco ha sufrido un proceso de purificación, de forma que todo lo que queda en el producto final es azúcar. La característica del azúcar moreno integral de caña es que la melaza final que se genera durante la cristalización del azúcar no se elimina completamente, dando algo de color al producto final. No obstante, este producto es 97% azúcar, por lo que la composición es muy cercana a la del azúcar blanco y similares sus efectos fisiológicos. Por tanto, consumir azúcar moreno integral no aporta ningún beneficio extra para la salud con respecto al azúcar blanco, sino que tiene exactamente los mismos inconvenientes. Es simplemente una cuestión de preferencia a nivel de gusto.

Curiosamente, durante la extracción del azúcar a partir de la caña de azúcar hay que eliminar igualmente todos esos componentes que no son azúcares y que dan sabores amargos y no dulces, por lo que se emplea igualmente el hidróxido de calcio, en contra de lo que muchos defensores piensan. Y, por cierto, el hidróxido de calcio se denomina comúnmente cal apagada y no es lo mismo que el óxido de calcio, la cal viva, que sí se utiliza en numerosos procesos dentro de la industria alimentaria.

A la leche sin lactosa se le añade azúcar

Esta afirmación tiene su raíz en una malinterpretación de lectura de las etiquetas. Como bien es sabido, la leche, sea del tipo que sea (desnatada, entera, semi, UHT, pasteurizada, etc.), contiene aproximadamente un 5% de azúcares, de los cuales la práctica totalidad es lactosa. La lactosa es una molécula formada por la unión de dos azúcares muy comunes, glucosa y galactosa, pero las personas intolerantes a la misma no pueden romper esa unión, por lo que llega al colon intacta, donde es aprovechada por las bacterias que la utilizan para su propio crecimiento, produciendo gas y los consiguientes problemas digestivos.

Para que los intolerantes a la lactosa puedan consumir leche, existen las leches sin lactosa. En el proceso no se elimina la lactosa, sino que se añaden a la leche las proteínas que son necesarias para digerirla en nuestro propio organismo (una enzima llamada lactasa) y que cortan la lactosa liberando la glucosa y la galactosa, los dos azúcares simples que la componen. Se puede decir que viene predigerida. De esa forma, las leches sin lactosa no tienen la lactosa intacta, sino la glucosa y la galactosa que la componen en forma libre y, por tanto, tienen aún ese 5% de azúcares, como señala su etiqueta.

En definitiva, la leche sin lactosa tiene los mismos azúcares naturalmente presentes. Al estar separados, es posible que algunas personas la noten más dulce, lo que lleva a pensar equivocadamente que la leche puede tener azúcar añadido.

Las verduras ecológicas son más sanas que las convencionales

No hay ninguna evidencia científica que respalde esta afirmación. Las condiciones de cultivo ecológico no se ha visto que influyan en las cantidades de nutrientes ni de compuestos bioactivos que pueden tener dichos cultivos en comparación con los provenientes de cultivos convencionales. De hecho, se pueden encontrar diferencias a nivel de gusto, de apariencia o de cualquier otro parámetro sensorial, que hagan que tengamos más o menos preferencia por alguno de ellos, pero a nivel de composición nutricional, ninguno de los dos es superior al otro, sino que se pueden considerar equivalentes.

El agua engorda durante la comida y el agua con gas es más saludable

El agua, elemento esencial para la vida, tiene un aporte calórico nulo. Por tanto, el agua que se consuma no va a aportar calorías ni engordar antes, durante o después de las comidas. Este bulo no tiene ninguna base científica. Es más, el consumo de agua durante la comida podría aumentar la sensación de saciedad y haría que comiéramos incluso menos.

En cuanto al agua con gas, últimamente se está relacionando su consumo con diversos beneficios para la salud. En realidad, el agua con gas no es otra cosa que agua con dióxido de carbono disuelto en una proporción determinada. No hay evidencia científica suficiente que implique que el agua, por el hecho de tener gas, sea mejor que su homóloga sin él. Los posibles beneficios de un agua mineral en particular vendrían a estar más relacionados con su composición en minerales que con la presencia de gas.

De igual forma, no existe ninguna evidencia de que el agua embotellada sea mejor que la del grifo; habría que comparar caso por caso en cuanto al contenido en minerales, que serían las únicas diferencias que podrían apreciarse. Pero lo que sí queda claro es que, en general, ninguna es más saludable o mejor que la otra. Eso sí, conviene tener en cuenta que, en algunos casos, por ejemplo, en dispensadores, el agua embotellada es literalmente eso, agua del grifo embotellada, y no agua mineral como podría pensarse. Lo que sí está comprobado es que el agua embotellada es mucho peor para el medioambiente que la del grifo, puesto que genera una cantidad muy elevada de residuos plásticos.

La margarina es mejor que la mantequilla

Esta creencia tiene su origen en la ausencia de colesterol en la margarina, al proceder de vegetales, comparado con la mantequilla que, al proceder de la leche, sí que contendrá una cantidad determinada de colesterol. Otras diferencias están relacionadas con el tipo de grasa que se puedan encontrar en ambos tipos de productos. Si bien la mantequilla es rica en ácidos grasos saturados, la margarina puede serlo igualmente, dado que su composición dependerá directamente de la variedad o variedades vegetales que se hayan utilizado para su elaboración. En cualquier caso, tampoco se puede hablar de un alimento saludable ni incluso considerando que pudiera tener una mayor proporción de ácidos grasos insaturados comparada con la mantequilla.

Lo cierto es que ambos productos tienen un altísimo contenido en grasas, por lo que, dentro de una dieta saludable, sería recomendable evitar ambos en lo posible y, en todo caso, consumirlos esporádicamente. Teniendo en cuenta esta forma de consumo en pequeñas cantidades, ninguno es claramente mejor que el otro.

El zumo de limón esto y el zumo de limón lo otro

Es increíble la cantidad de bulos que circulan en torno al zumo de limón. Beber zumo de limón en ayunas no favorece el adelgazamiento; no existe ninguna explicación científica que lo justifique. Tampoco se puede decir que el zumo de limón sea efectivo para mantener el pH del cuerpo. De hecho, el cuerpo se regula a sí mismo y tiene un control del propio pH que es totalmente independiente de los alimentos que consumamos. Basta con recordar que el zumo de limón será ácido, pero para nada tan ácido como el propio estómago gracias a los jugos gástricos, por lo que no es posible deducir ningún tipo de efecto.

También se ha señalado el zumo de limón como posible herramienta para eliminar toxinas. No hay ningún producto alimentario que vaya a favorecer estos efectos por sí mismo. Se ha llegado incluso a difundir que el zumo de limón ayuda a oxigenar la sangre; una afirmación, de nuevo, sin ninguna base científica ni estudios que la avalen.

Consumir colágeno es bueno para las rodillas

Este es un punto controvertido, que mueve mucho dinero. El colágeno es una proteína muy abundante en el cuerpo y que, entre otras funciones, ayuda a que las articulaciones estén protegidas y no suframos dolores como consecuencia de posibles roces entre los huesos. Por esta razón, frecuentemente se recomienda en los medios el consumo de alimentos ricos en colágeno o colágeno en forma de suplementos alimenticios para combatir dolores articulares, de rodilla muy frecuentemente[9].

Para abordar este tema debemos recordar que las proteínas están compuestas por aminoácidos. Estas moléculas son los "ladrillos" que forman las proteínas completas. Una proteína puede tener cientos de aminoácidos; entre ellos, los hay esenciales, que el organismo no puede fabricar por sí mismo, y no esenciales. La proporción de esenciales y no esenciales es lo que permite diferenciar entre proteínas de muy alta calidad (huevo o carne) a otras de peor calidad (vegetales). En cualquier caso, cuando ingerimos proteínas, tanto en el propio estómago como más tarde en el intestino, nuestro cuerpo va a reducir esas proteínas intactas a los aminoácidos que la componen. Es decir, los ladrillos que forman las proteínas se separan y se absorben separados tras alimentarnos. Posteriormente, el cuerpo utiliza esos ladrillos para fabricar sus propias proteínas, aquellas que necesite en un momento dado, incluyendo, por ejemplo, colágeno. Por tanto, cuando ingerimos colágeno, tanto en alimentos como en pastillas, lo que vamos a obtener son sus aminoácidos individuales; la proteína intacta no se va a absorber y mucho menos llegar hasta nuestra rodilla dolorida. Por ello, es tan poco efectivo para el dolor de rodilla tomar colágeno como cualquier otra proteína, de huevo, leche o pollo. Absolutamente todas se van a desintegrar durante la digestión.

Pero ¿qué pasa con el colágeno hidrolizado? Que esté hidrolizado quiere decir que se ha digerido ya parcialmente; es decir, el colágeno intacto ya se ha roto en cadenas de aminoácidos más pequeñas, lo que va a hacer que nos cueste menos

---

9. Recientemente aparecía un artículo que decía "Comer callos ayuda a combatir el dolor de rodilla" (*Diario AS*, 2023), en el que incluso se cita a un médico que supuestamente apoya este tipo de mensajes, puntualizando que los callos son muy ricos en colágeno.

esfuerzo terminar de romper lo que quede, menos trabajo para nuestro sistema digestivo, pero idéntico resultado: aminoácidos para que nuestro organismo los use como considere.

Sin embargo, los suplementos de colágeno son muy populares y extremadamente lucrativos, tanto que es fácil imaginar que su publicidad inunde los medios con afirmaciones sin ninguna evidencia científica.

El chocolate es bueno para la salud por sus antioxidantes

El cacao es una planta muy interesante, a partir de cuyas semillas se elabora el chocolate. Estas semillas son muy ricas en algunos compuestos antioxidantes que podrían tener una actividad beneficiosa para el organismo. Por ello, muchas veces se asocia este contenido en compuestos potencialmente positivos con los efectos saludables que tiene el chocolate. Sin embargo, el chocolate es un producto que no solo se compone de cacao, sino que incluye también una importante parte grasa que puede alcanzar entre el 30 y el 50% del peso del producto final y, en muchos casos, una gran cantidad de azúcar (hasta el 60% del total). Por tanto, no se puede afirmar que el chocolate pueda ser bueno para la salud en términos generales. Por supuesto, se pueden establecer escalas, siendo el mejor de los casos el chocolate con una mayor pureza en cacao, que no contenga azúcares añadidos, pero, en cualquier caso, difícilmente se puede calificar de producto saludable.

Bebidas energéticas

Estas bebidas, que invierten una gran cantidad de dinero en publicidad, son casi ubicuas y están relacionadas con actividades deportivas, principalmente. Sin embargo, como productos alimenticios son de ínfima calidad nutricional. En su versión convencional, son bebidas con muchos azúcares y contienen una gran cantidad de cafeína y otros estimulantes. El organismo puede reaccionar de forma negativa ante el consumo de ingredientes estimulantes en gran cantidad, pues se podría producir, por ejemplo, una elevación de la presión arterial o arritmias cardiacas, entre otros graves problemas. En su versión sin azúcar, se sustituye este componente por edulcorantes, pero siguen siendo productos estimulantes sin ningún aporte nutricional. Su composición en este tipo de compuestos estimulantes puede ser tan peligroso y perjudicial que se está comenzando a debatir seriamente que su consumo se prohíba a menores de edad.

Además, también se afirma que estas bebidas sirven para contrarrestar los efectos nocivos del alcohol. Aunque el consumidor puede creer que mantiene un correcto nivel de percepción y alerta, incrementado por los efectos estimulantes de las bebidas energéticas, los efectos que tiene el alcohol sobre el sistema nervioso permanecen, por lo que no tienen ninguna utilidad para paliarlos.

Plásticos que acaban en las patatas

Un reciente estudio (Díaz-Galiano *et al.*, 2023) ha puesto de manifiesto que las patatas envasadas listas para cocción presentan un contenido en microplásticos derivado del calentamiento de estos materiales, que migran hacia las patatas, mientras que si las mismas patatas se cocían tradicionalmente, en agua hirviendo, no presentaban dicho contenido. Aun así, el contacto con la bolsa a temperatura ambiente no es suficiente para que los plásticos migren al alimento, pero sí al mantenerse en contacto a altas temperaturas. Por lo tanto, aunque no existe aún una evidencia clara sobre los riesgos de estos microplásticos para la salud, por un simple ejercicio de precaución sería conveniente no calentar o cocinar los alimentos en contacto con materiales plásticos.

Para recordar

- Ni el vinagre ayuda a controlar el azúcar en sangre ni la fruta es mala después de comer.
- El zumo de naranja mantiene sus vitaminas durante horas y el zumo de limón no tiene ninguna propiedad para adelgazar o eliminar toxinas.
- La cerveza no es lo mejor para hidratarse después del ejercicio, por mucho que nos guste bien fría.
- Las proteínas se digieren completamente al comerlas y se descomponen por completo.

¿Cómo ponernos a salvo de los bulos?

Llegados a este punto, tras la lectura de los diferentes capítulos del libro, surge una pregunta cuya respuesta es complicada: ¿cómo podemos detectar los bulos que nos rodean? Nos encontramos inmersos en una sociedad y una época donde la información está por todos lados y es de muy fácil acceso. Aunque este hecho tiene múltiples ventajas, también es cierto que tiene una cara negativa, pues facilita la extensión de bulos sobre casi cualquier temática.

Una búsqueda en internet arroja argumentos de cualquier tipo para cualquier tema, sin que ello implique que lo que se dice sea cierto. Muchas veces, los titulares detrás solo buscan clics. En estos casos, precisamente, los más llamativos son los que más éxito tienen, aunque sean totalmente inventados o carezcan de evidencia científica alguna.

La primera precaución que podemos tomar frente a estos bulos alimentarios es poner en duda cualquier titular incompleto que solo busque aumentar las visitas o que provenga de alguna red social, incluso cuando nos llegue a través de alguien de confianza. Cuando las noticias son de alcance y de importancia real, podremos verlas reflejadas en todos los medios de comunicación, no solo a través de un enlace. El problema se acrecienta incluso cuando medios de comunicación presumiblemente serios, incluyendo periódicos de tirada nacional, se hacen eco de este tipo de bulos con el fin de mejorar sus estadísticas de lectura.

Durante la redacción de este libro he tenido la posibilidad de documentarme y leer muchos materiales en distintos medios y páginas web, y no deja de asombrarme que algunos de estos bulos hayan tenido eco en publicaciones teóricamente serias. En este sentido, podemos considerarnos indefensos si ya no podemos confiar en que un periódico de entre los más vendidos del país evite aumentar la confusión en cuanto a las propiedades saludables aludidas al zumo de limón, por poner un ejemplo.

Lógicamente, no podemos controlar cómo nos llega esta información, igual que no podemos controlar qué se muestra y cómo se muestra la información en el etiquetado y en la publicidad de los alimentos. Sin embargo, sí que podemos controlar las fuentes que consultamos para intentar confirmar esos bulos o esas informaciones que pueden parecernos engañosas. Por ejemplo, es aconsejable buscar información que provenga de personas cercanas al ámbito científico, por ejemplo, de dietistas-nutricionistas. Eso sí, también hay que tener en cuenta que quien no vende nada tiende a ser más ecuánime con sus propias opiniones.

Otra manera de asegurar la fiabilidad de estas informaciones es recurrir a sitios web oficiales. Existe multitud de información en las páginas web de diferentes organismos, ministerios y Gobiernos regionales, que está redactada por especialistas en sus campos y que nos ayudarán a distinguir entre bulos y certezas. Otro hábito que sería muy aconsejable es dudar de todo lo que suene a milagroso, ya sea por lo tremendamente novedoso o porque es algo muy conocido pero a lo que nadie parece prestar atención.

Aunque siempre nos puede surgir la duda, la realidad es que los descubrimientos realmente relevantes se van a informar siempre de manera profusa. ¿Acaso no estaríamos todos encantados de curar el cáncer con zumo de limón?

Para recordar

- Es mejor desconfiar de lo milagroso y de los "supera-limentos" novedosos.
- Consultar fuentes oficiales ayuda a obtener informa-ción no interesada y más contrastada.
- Cualquier descubrimiento relevante será transmitido por todos los medios de comunicación.
- Aumentemos nuestro nivel de crítica hacia lo que lee-mos e intentemos confirmar con otras fuentes.

Bibliografía

Alonso, C.; Fernández, V. y Cámara, M. (2019): *Cultura alimentaria. El caso del etiquetado de alimentos*, Madrid, Los Libros de la Catarata.

Díaz-Galiano, F. J. *et al.* (2023): "Cooking food in microwavable plastic containers: *in situ* formation of a new chemical substance and increased migration of polypropylene polymers", *Food Chemistry*, vol. 417, n.º de artículo 135852.

Doudna, J. A. y Sternberg, S. H. (2020): *Una grieta en la creación: CRISPR, la edición génica y el increíble poder de controlar la evolución*, Madrid, Alianza.

Estruch, R. *et al.* (2018): "Primary prevention of cardiovascular disease with a mediterranean diet supplemented with extra-virgin olive oil or nuts", *New England Journal of Medicine*, vol. 378, p. e34.

Gal, K. le *et al.* (2015): "Antioxidants can increase melanoma metastasis in mice", *Science Translational Medicine*, vol. 7, n.º 308.

García Bello, D. (2018): *¡Que se le van las vitaminas! Mitos y secretos que solo la ciencia puede resolver*, Barcelona, Paidós.

García, M. (2019): *El jamón de York no existe*, Madrid, La Esfera de los Libros.

GARCÍA-GONZÁLEZ, A. *et al.* (2023): "Virgin olive oil ranks first in a new nutritional quality score due to its compositional profile", *Nutrients*, vol. 15, n.º 9, n.º de artículo 2127.

GRANT, J. K. *et al.* (2024): "A historical, evidence-based, and narrative review on commonly used dietary supplements in lipid-lowering", *Journal of Lipid Research*, vol. 65, n.º 2 , n.º de artículo 100493.

HEMILÄ, H. y CHALKER, E. (2013): "Vitamin C for preventing and treating the common cold", *Cochrane Database of Systematic Reviews*, vol. 131, n.º CD000980.

HERRERO MARTÍN, G. y ANDRADES RAMÍREZ, C. (2019): *Psiconutrición. Aprende a tener una relación saludable con la comida*, Córdoba, Arcopress.

IBRAHIM, I. M. *et al.* (2022): "Promising hepatoprotective effects of lycopene in different liver diseases", *Life Sciences*, vol. 310, n.º de artículo 121131.

JAYAWARDENA, R. *et al.* (2021): "Health effects of coconut oil: Summary of evidence from systematic reviews and meta-analysis of interventional studies", *Diabetes & Metabolic Syndrome: Clinical Research & Reviews*, vol. 15, pp. 549-555.

JINEK, M. *et al.* (2012): "A programmable dual-RNA-guided DNA endonuclease in adaptive bacterial immunity", *Science*, vol. 337, pp. 816-821.

KLEIN, E. A. *et al.* (2011): "Vitamin E and the risk of prostate cancer: The Selenium and Vitamin E Cancer Prevention Trial (SELECT)", *JAMA*, vol. 306, pp. 1549-1556.

KOPEC, R. E. *et al.* (2017): "Are lutein, lycopene, and β-carotene lost through the digestive process?", *Food and Function*, n.º 4, pp. 1494-1503.

LÓPEZ GOÑI, I. (2018): *Microbiota. Los microbios de tu organismo*, Córdoba, Guadalmazán.

LÓPEZ NICOLÁS, J. M. (2019): *Un científico en el supermercado*, Barcelona, Planeta.

LURUEÑA, M. A. (2023): *Del ultramarinos al hipermercado*, Barcelona, Destino.

MARTÍN ARRIBAS, M. Á. (2016): *El chocolate*, colección ¿Qué sabemos de?, Madrid, CSIC-Los Libros de la Catarata.

MEDINA, I. *et al.* (2023): *Nutrición sostenible y saludable*, Madrid, CSIC.

MONTOLIU, L. (2019): *Editando genes: recorta, pega y colorea*, Pamplona, Next Door Publishers.

MUSCOGIURI, G. *et al.* (2022): "Mediterranean Diet and Obesity-related Disorders: What is the Evidence?", *Current Obesity Reports*, vol. 11, pp. 287-304.

NIETO, C. (2014): "Técnicas de cocción: sabor, color, textura y nutrientes a buen recaudo", *Farmacia Profesional*, vol. 28, pp. 15-19.

O SANTOS, H. *et al.* (2019): "Vinegar (acetic acid) intake on glucose metabolism: A narrative review", *Clinical Nutrition ESPEN*, vol. 32, pp. 1-7.

PEDE, G. di *et al.* (2023): "Human colonic catabolism of dietary flavan-3-ol bioactives", *Molecular Aspects of Medicine*, vol. 89, n.º de artículo 101107.

PÉREZ, J. (2021): *Los superalimentos*, colección ¿Qué sabemos de?, Madrid, CSIC-Los Libros de la Catarata.

RAMOS-BUENO, R. P. *et al.* (2017): "Phytochemical composition and in vitro anti-tumour activities of selected tomato varieties", *Journal of the Science of Food and Agriculture*, vol. 97, pp. 488-496.

RÍO, D. del *et al.* (2013): "Dietary (poly)phenolics in human health: structures, bioavailability, and evidence of protective effects against chronic diseases", *Antioxidants and Redox Signaling*, vol. 18, pp. 1818-1892.

SÁNCHEZ-LEÓN, S. *et al.* (2017): "Low-gluten, nontransgenic wheat engineered with CRISPR/Cas9", *Plant Biotechnology Journal*, vol. 16, pp. 902-910.

SPOLIDORO, G. C. I. *et al.* (2023): "Frequency of food allergy in Europe: An updated systematic review and meta-analysis", *Allergy: European Journal of Allergy and Clinical Immunology*, vol. 78, pp. 351-368.

TOIT, G. du *et al.* (2015): "Randomized Trial of Peanut Consumption in Infants at Risk for Peanut Allergy", *New England Journal of Medicine*, vol. 372, pp. 803-813.

TUOMISTO, H. L. *et al.* (2012): "Does organic farming reduce environmental impacts? A meta-analysis of European research", *Journal of Environmental Management*, vol. 112, pp. 309-320.

VÁZQUEZ-AGUILAR, A. *et al.* (2023): "Metabolomic-based studies of the intake of virgin olive oil: a comprehensive review", *Metabolites*, vol. 13, p. 472.

ZANFIRESCU, A. *et al.* (2019): "A review of the alleged health hazards of monosodium glutamate", *Comprehensive Reviews in Food Science and Food Safety*, vol. 18, pp. 1111-1134.

Títulos de la colección
¿Qué sabemos de?